U0182114

计算机与智能科学丛书

在线凸优化

（第2版）

[美] 埃拉德·哈赞 (Elad Hazan)　著

罗俊仁　张万鹏　译

清华大学出版社

北　京

北京市版权局著作权合同登记号 图字：01-2024-0465

Elad Hazan

Introduction to Online Convex Optimization

EISBN: 9780262046985

图书在版编目(CIP)数据

在线凸优化：第2版 / (美) 埃拉德・哈赞(Elad Hazan) 著；罗俊仁，张万鹏译.
—北京：清华大学出版社，2024.5

(计算机与智能科学丛书)

书名原文: Introduction to Online Convex Optimization

ISBN 978-7-302-66112-2

Ⅰ.①在… Ⅱ.①埃… ②罗… ③张… Ⅲ.①凸分析—最优化算法 Ⅳ.①O174.13

中国国家版本馆CIP数据核字(2024)第085114号

责任编辑：王　军
装帧设计：孔祥峰
责任校对：成凤进
责任印制：宋　林

出版发行：清华大学出版社
　　　　　网　　　　　址：https://www.tup.com.cn，https://www.wqxuetang.com
　　　　　地　　　　　址：北京清华大学学研大厦 A 座　邮　　编：100084
　　　　　社　总　机：010-83470000　　　邮　　购：010-62786544
　　　　　投稿与读者服务：010-62776969，c-service@tup.tsinghua.edu.cn
　　　　　质　量　反　馈：010-62772015，zhiliang@tup.tsinghua.edu.cn
印　装　者：艺通印刷（天津）有限公司
经　　销：全国新华书店
开　　本：148mm×210mm　　印　张：7.375　　字　数：242 千字
版　　次：2024 年 6 月第 1 版　　印　次：2024 年 6 月第 1 次印刷
定　　价：99.80 元

产品编号：101424-01

译 者 序

近年来，随着机器学习和计算机技术的不断发展，以及在 Web 上收集大量数据的普及，在线广告优化、在线投资组合、在线博弈学习等应用已成为工业和学术界关注的热点。而在线凸优化是一种专门用于处理在线学习过程中凸优化问题的优化理论。我们非常高兴介绍由普林斯顿大学教授埃拉德·哈赞 (Elad Hazan) 撰写的《在线凸优化 (第 2 版)》，书中包括了在线凸优化的基本概念和方法，并详细讨论了在线凸优化的性能保证问题，还介绍了一些最新的在线凸优化算法。本书涵盖了在线凸优化领域的许多关键问题，为我们提供了一份全面的指南。

第 1、2 章简要介绍了在线凸优化的基础知识和基本概念。这些知识为后续章节的学习和理解奠定了坚实基础。前两章的内容包括凸函数与凸集的定义、在线学习的形式化表示以及在线凸优化的算法框架。第 3、4 章系统介绍了一阶算法和二阶算法这两类在线凸优化的方法。这两章涵盖了重要而广泛的算法，并讨论了随机梯度下降和在线牛顿步等不同算法的优缺点。这两章深入算法细节，对于对该领域有深入理解的读者尤其有帮助。第 5 章讨论了在线凸优化中的正则化技术。正则化技术是在线凸优化的核心技术之一，可以帮助我们提高模型的泛化能力。第 6 章详细介绍了经典的在线凸优化框架"赌博机凸优化"。这个框架在许多实际应用中非常有效，本章通过范例和解释，深入理解了赌博机凸优化的工作原理。第 7 章讲解了无投影算法。这些算法已在许多在线学习问题中得到了广泛应用，尤其是在大规模数据集上的在线学习问题中。第 8 章从博弈论的角度讲解在线凸优化理论。本章介绍了在线学习和博弈论之间的联系，并解释了在线凸优化如何解决这些问题。

第 9 章讲解了与在线凸优化有关的统计学习理论。这些理论可以帮助我们更好地理解在线凸优化问题和算法，以及它们如何与机器学习领域的其他问题相结合。第 10 章介绍了在现实多变的环境中涉及在线凸优化的实际应用问题。这些问题包括在线广告、在线内容推荐等。本章通过相应案例的讲解，帮助读者更好地理解在线凸优化在实际应用中的价值。第 11 章主要介绍了机器学习算法 Boosting 和在线凸优化算法的衡量指标"遗憾"，通过几个例子阐述这个话题的主要内容，涵盖了与"遗憾"相关的许多问题。第 12 章讲解了在线 Boosting 方法及其用途。本章涵盖了机器学习算法 Boosting 的基础知识和主要算法，在此基础上讲解了在线 Boosting 的原理和应用。最后，第 13 章介绍了 Blackwell 可接近性定理。

作为本书的译者，我深刻理解了在线凸优化的重要性。它不仅是解决实际问题的有力工具，而且在许多领域中都具有重要的理论支撑意义。在线凸优化能够帮助我们在在线学习过程中实时调整模型，以最大化预测准确性和泛化性能。同时，我们想向埃拉德·哈赞博士致以诚挚的敬意，他在在线凸优化领域作出了突出的贡献，为机器学习的发展奠定了坚实的基础。我们也要感谢清华大学出版社提供的翻译机会，让我们有机会将这本书带给中文读者。最后，希望这本书成为在线凸优化研究和实践的参考资料，为那些对在线学习和数据处理感兴趣的读者提供有价值的见解和帮助。

前　言

　　本书是在线凸优化 (Online Convex Optimization，OCO) 扩展理论的导论。它是为研究生基础课程编写的高等教材，可作为深入优化与机器学习交叉领域的研究人员的参考书。

　　Technion 于 2010—2014 年开设了这门课程，每年略有变化，普林斯顿大学于 2015—2020 年开设了这门课程。本书全面涵盖了这些课程的核心材料，并给出让学生完成部分证明的练习，或者参加课程的人觉得具有启发性和发人深省的练习。大部分材料都给出了应用实例，这些应用实例穿插在各个主题中，包括专家建议的预测、投资组合选择、矩阵补全和推荐系统，以及支持向量机 (Support Vector Machine，SVM) 的训练。

　　我们希望这份材料和练习纲要对研究人员和教育工作者有用。

把这本书放在机器学习图书馆中

　　机器学习的广阔领域，如在线学习 (online learning)、提升 (boosting)、博弈中的遗憾最小化 (regret minimization in games)、通用预测 (universal prediction) 和其他相关主题的子学科，近年来已经出现了大量的入门书籍。在此，我们很难对所有这些进行公正的评价，但也许可以列出与机器学习、博弈学习和优化主题最相关的书籍，它们的交集是我们的主要关注点。

　　最密切相关的书是 Cesa-Bianchi and Lugosi (2006)，它对整个博弈学习领域起到了启发作用。在数学优化理论的文献中，有许多关于凸优化和凸分析的介绍性文章，例如以下作者的文章：Boyd and

Vandenberghe, 2004; Nesterov, 2004; Nemirovski and Yudin, 1983; Nemirovski, 2004; Borwein and Lewis, 2006; Rockafellar, 1997。作者推荐了自己学习数学优化理论的书籍 (Nemirovski, 2004)。关于机器学习的书籍太多了，在这里无法一一列举。

本书的主要目的是作为 OCO 和机器学习凸优化方法专门课程的教科书。在线凸优化已经产生了足够的影响，出现在多个综述和导论文献中 (Hazan, 2011; Shalev-Shwartz, 2011; Rakhlin, 2009; Rakhlin and Sridharan, 2014)。我们希望这份材料和练习的汇编将进一步丰富这些文献。

本书结构

本书旨在作为计算机科学/电气工程/运筹学/统计学及相关领域研究生独立课程的参考。因此，它的组织遵循了在 Technion 教授的"决策分析"课程的结构，以及后来在普林斯顿大学教授的"理论机器学习"课程的结构。

每章应该花费一到两周的课时，具体取决于课程的深度和广度。第 1 章为该领域的导论，不像本书其他部分那么严谨。

粗略地说，本书可以分成三个部分。第一部分是第 2 章到第 4 章，包含了在线凸优化的基本定义、框架和核心算法。第二部分是第 5 章到第 7 章，包含更高阶的算法、框架的深入分析以及其他计算和信息访问模型的扩展。本书的其余部分 (即第三部分) 涉及更高级的算法、更困难的设置以及与知名机器学习范式的关系。

本书可以帮助教育工作者设计关于在线凸优化主题的完整课程，也可以作为机器学习综合课程的组成部分。

第2版新增

本书第 2 版的主要增补内容如下：

- 在第 2 章中扩大了优化范围，对 Polyak 步长进行了统一的梯度下降分析。

- 在第 9 章中扩展了学习理论的涵盖范围，介绍了压缩及其在泛化理论中的应用。

- 扩展的第 4 章，增加了指数 (exp) 凹损失函数的指数加权优化器。

- 修订后的第 5 章，增加了镜像下降分析，自适应梯度方法 (5.6 节) 也进行了修订。

- 新的第 10 章包括自适应遗憾的概念和面向具有近似最优自适应遗憾界的 OCO 算法。

- 新的第 11 章包括 Boosting(提升)及其与在线凸优化的关系。从遗憾最小化推导 Boosting 算法。

- 新的第 12 章包括在线 Boosting。

- 新的第 13 章包括 Blackwell 可接近性及其与在线凸优化的紧密联系。

致　　谢

第 1 版

　　首先，非常感谢 2010—2014 年在 Technion 学习"决策分析"课程的学生以及 2015—2016 年在普林斯顿大学学习"机器学习理论"的学生所作出的众多贡献和给出的见解。

　　我要感谢朋友、同事和学生，他们提出了许多建议和指正。部分名单包括：Sanjeev Arora、Shai Shalev-Shwartz、Aleksander Madry、Yoram Singer、Satyen Kale、Alon Gonen、Roi Livni、Gal Lavee、Maayan Harel、Daniel Khasabi、Shuang Liu、Jason Altschuler、Haipeng Luo、Zeyuan Allen-Zhu、Mehrdad Mahdavi、Jaehyun Park、Baris Ungun、Maria Gregori、Tengyu Ma、Kayla McCue、Esther Rolf、Jeremy Cohen、Daniel Suo、Lydia Liu、Fermi Ma、Mert Al、Amir Reza Asadi、Carl Gabel、Nati Srebro、Abbas Mehrabian、Chris Liaw、Nikhil Bansal、Naman Agarwal、Raunak Kumar、Zhize Li、Sheng Zhang、Swati Gupta、Xinyi Chen、Liang Zeng 和 Kunal Mittal。

　　感谢 Udi Aharoni 为这本书的算法进行了艺术创作并绘制插图。

　　永远感激我的老师和导师 Sanjeev Arora，如果没有他，这本书不可能完成。

　　最后，感谢我的妻子和孩子们的爱和支持：Dana、Hadar、Yoav 和 Oded。

埃拉德·哈赞

普林斯顿大学

第2版

非常感谢与我合作进行研究的学生和同事，其中一些研究出现在本书的第 2 版中。尤其要感谢在 Boosting 方法方面与我合作的 Nataly Brukhim、Xinyi Chen、Shay Moran、Naman Agarwal 和 Karan Singh。

感谢我的学生帮助我校对新的和已有的部分，他们是 Edgar Minasyan、Paula Gradu、Karan Singh、Nataly Brukhim、Xinyi Chen、Naman Agarwal 和 Udaya Ghai。

感谢 Shay Moran 解释了压缩方案以及它们如何简化 Boosting 的泛化性。

非常感谢 Ahmed Farah、Charlie Cowen-Breen 和"COS 597C: 计算控制理论"的学生对许多问题集给出的有益建议、更正和解决方案。

非常感谢 Wouter Koolen-Wijkstra 在分析在线牛顿步 (Online Newton Step) 算法时提出的有益建议。

感谢 MIT 出版社为这本书找到的非常有帮助和严谨的审稿人，他们给出了极好的建议，并改进了最终的手稿。

和第 1 版一样，更重要的是，感谢我的妻子和孩子们：Dana、Hadar、Yoav 和 Oded，感谢他们的爱和支持。

埃拉德•哈赞

普林斯顿大学

符号列表

通用

$\stackrel{\text{def}}{=}$	定义
arg min{}	最小化括号中表达式时参数取值
$[n]$	整数集合 $\{1,2,...,n\}$

几何与微积分

$\mathbb{R}^d$	d 维 Euclidean 空间 (欧几里得空间, 欧氏空间)
Δ_d	d 维单纯形, $\{\sum_i \mathbf{x}_i = 1, \mathbf{x}_i \geq 0\}$
$\mathbb{S}$	d 维球体, $\{\|\mathbf{x}\| = 1\}$
$\mathbb{B}$	d 维球, $\{\|\mathbf{x}\| \leq 1\}$
$\mathbb{R}$	实数
$\mathbb{C}$	复数
$|A|$	矩阵 A 的行列式

学习理论

$\mathcal{X}, \mathcal{Y}$	特征 / 标签集
$\mathcal{D}$	样本 $(\mathbf{x}, y)$ 的分布
$\mathcal{H}$	$\mathcal{X} \mapsto Y$ 中的假设类
h	单一假设 $h \in \mathcal{H}$
m	训练集大小
error(h)	假设 $h \in \mathcal{H}$ 的泛化误差

优化

$\mathbf{x}$	决策集中的向量
$\mathcal{K}$	决策集
$\nabla^k f$	f 的 k 次微分；记作 $\nabla^k f \in \mathbb{R}^{d^k}$
$\nabla^{-2} f$	f 的逆 Hessian 矩阵
∇f	f 的梯度
∇_t	f 在点 $\mathbf{x}_t$ 处的梯度
$\mathbf{x}^\star$	目标 f 的全局或局部最优
h_t	目标值与最优值的距离，$h_t = f(\mathbf{x}_t) - f(\mathbf{x}^\star)$
d_t	与最优值点的 Euclidean 距离 $d_t = \|\mathbf{x}_t - \mathbf{x}^\star\|$
G	次梯度范数的上界
D	Euclidean 直径的上界
D_p, G_p	次梯度/直径的 p 范数上界

正则化

R	强凸光滑正则化函数
$B_R(\mathbf{x}\|\mathbf{y})$	R 的 Bregman 散度 $R(\mathbf{x}) - R(\mathbf{y}) - \nabla R(\mathbf{y})^\top (\mathbf{x} - \mathbf{y})$
G_R	(次) 梯度范数的上界
D_R^2	平方 R 直径 $\max_{\mathbf{x},\mathbf{y}\in\mathcal{K}} \{R(\mathbf{x}) - R(\mathbf{y})\}$
$\|\mathbf{x}\|_A^2$	平方矩阵范数 $\mathbf{x}^\top A \mathbf{x}$
$\|\mathbf{x}\|_{\mathbf{y}}^2$	局部正则化 $\mathbf{x}^\top \nabla^2 R(\mathbf{y})\mathbf{x}$ 的局部范数
$\|\mathbf{x}\|^*$	$\|\mathbf{x}\|$ 的对偶范数

目　　录

第 *1* 章

导　　论

　　本书将优化 (optimization) 看作一个过程 (process)。在许多实际应用中，环境太过复杂，以至于无法建立一个全面的理论模型并应用经典的算法理论和数学优化。随着问题的更多方面被观察到，通过应用所学的优化方法来采取稳健的方法，是必要的，也是有益处的。这种将优化视为一个过程的观点在各个领域都很重要，在建模和部分现代日常生活中取得了巨大成功。

　　机器学习、统计学、决策科学和数学优化的文献越来越多，模糊了经典意义下确定性建模、随机建模和优化方法之间的区别。本书延续了这一趋势，研究了一个突出的优化框架：在线凸优化 (Online Convex Optimization，OCO) 框架，该框架在数学科学中的确切位置尚不清楚，它最先在机器学习的文献中定义（参考 1.4 节）。该框架成功的度量标准借鉴了博弈论，与统计学习理论和凸优化密切相关。

　　我们接受这些富有成效的联系，并且有意在讨论中不使用任何特定的术语。相反，本书将从可以通过 OCO 建模和解决的实际问题开始。我们将继续介绍严格的定义、背景和算法，并始终提供与其他领域文献的联系。我们希望作为读者的你，能从你的专业领域为我们对这些联系的理解作出贡献，并扩展有关这一迷人主题的文献数量。

1.1　在线凸优化设置

在 OCO 中，在线玩家迭代式地作出决策。在作出每一个决策时，玩家都不知道与之相关的结果。

在作出决策后，决策者会遭受损失：每一个可能的决定都会带来（可能不同的）损失。决策者事先不知道这些损失。损失可能是对手选择的，甚至取决于决策者采取的行动。

在这一点上，为了使这个框架有意义，有必要给出一些限制。

- 不应允许对手确定的损失是无界的[1]。否则，对手可以在每一步都不断减小损失的规模，并且永远不允许算法从第一步的损失中恢复。因此，假设损失位于某个有界区域。

- 决策集必须在某种程度上是有界的和 / 或结构化的，尽管不一定是有限的。

  要了解为什么这是必要的，请在作出决策时考虑使用无限组可能的决策。对手可以无限期地为玩家选择的所有策略分配高损失，同时将一些策略设置为零损失。这排除了任何有意义的性能指标。

令人惊讶的是，有趣的语句和算法可以在不超过这两个限制的情况下推导。OCO 框架将决策集建模为 Euclidean（欧几里得）空间中的凸集，表示为 $\mathcal{K} \subseteq \mathbb{R}^n$。代价被建模为 $\mathcal{K}$ 上的有界凸函数。

OCO 框架可以看作一个结构化的重复博弈。该学习框架的协议如下。

在迭代 t，在线玩家选择 $\mathbf{x}_t \in \mathcal{K}$。在玩家作出这一选择后，揭示了凸代价函数 $f_t \in \mathcal{F}: \mathcal{K} \mapsto \mathbb{R}$。这里，$\mathcal{F}$ 是对手可用的有界代价函数族。在线玩家产生的代价为 $f_t(\mathbf{x}_t)$，即选择 $\mathbf{x}_t$ 的代价函数的值。用 T 表示博弈迭代的总数。

是什么使一个算法成为一个好的 OCO 算法？由于该框架天然具有

1　或者，同样地，此"设置"（设定）的任何性能指标都应取决于最大损失的大小。这是本书后面采用的观点。

博弈性和对抗性，因此合理的性能指标也来自博弈论：将决策者的遗憾 (Regret) 定义为所产生的总代价与事后最佳固定决策的总代价之间的差额。在 OCO 中，通常对算法的最坏遗憾情况的上限感兴趣。

令 $\mathcal{A}$ 为 OCO 算法，它将某个特定博弈中的历史决策映射到决策集中：

$$\mathbf{x}_t^{\mathcal{A}} = \mathcal{A}(f_1, ..., f_{t-1}) \in \mathcal{K}$$

将 T 次迭代后 $\mathcal{A}$ 的遗憾形式化定义为：

$$\mathrm{Regret}_T(\mathcal{A}) = \sup_{\{f_1, ..., f_T\} \subseteq \mathcal{F}} \left\{ \sum_{t=1}^{T} f_t(\mathbf{x}_t^{\mathcal{A}}) - \min_{\mathbf{x} \in \mathcal{K}} \sum_{t=1}^{T} f_t(\mathbf{x}) \right\} \quad (1.1)$$

如果算法在语境中是清楚的，那么将省略上标，并将算法在时间 t 的决策简单地表示为 $\mathbf{x}_t$。直观地讲，如果遗憾是 T 的次线性函数 [即 $\mathrm{Regret}_T(\mathcal{A}) = o(T)$]，则算法表现良好，因为这意味着平均而言，该算法的表现与事后来看的最佳固定策略一样好。

对于 T 迭代重复博弈中的迭代 $t \in [T]$[1]，OCO 算法的运行时间被定义为产生 $\mathbf{x}_t$ 的最坏预期时间。通常，运行时间将取决于 n(决策集 $\mathcal{K}$ 的维度)、T(博弈迭代的总次数) 以及代价函数和基本凸集的参数。

1.2　可用OCO建模的问题示例

近年来，OCO 成为领先的在线学习框架的主要原因可能是其强大的建模能力：来自不同领域的问题，如在线路由、搜索引擎的广告选择和垃圾邮件过滤，都可以建模为特例。本节简要介绍一些特例，以及它们如何融入 OCO 框架。

1.2.1　从专家建议中预测

也许预测理论中最广为人知的问题是专家问题 (experts problem)。决策者必须在几位专家的建议中作出选择。在作出选择后，产生了介于

1　在这里和以后，将整数集 $\{1, ..., n\}$ 表示为 $[n]$。

0 到 1 之间的损失。这种情况是反复重复的，在每次迭代中，各种专家的代价是任意的 (甚至可能是对抗性的，试图误导决策者)。决策者的目标是在事后做得和最好的专家一样好。

OCO 设置将此作为一个特例：决策集是 n 个元素上所有分布的集合 (专家)；即 n 维单纯形 $\mathcal{K} = \Delta_n = \{\mathbf{x} \in \mathbb{R}^n , \sum_i \mathbf{x}_i = 1 , \mathbf{x}_i \geq 0\}$。设迭代 t 中，第 i 个专家的代价为 $\mathbf{g}_t(i)$，并设 $\mathbf{g}_t$ 为所有 n 个专家的代价向量。则代价函数是根据分布 $\mathbf{x}$ 选择专家的预期代价，由线性函数 $f_t(\mathbf{x}) = \mathbf{g}_t^\top \mathbf{x}$ 给出。

因此，根据专家建议进行预测是 OCO 的一种特例，其中决策集是单纯形，代价函数是线性的，并且在 ℓ_∞ 范数下有界，至多为 1。代价函数的界是从代价向量 $\mathbf{g}_t$ 的元素上的界推导的。

专家问题在机器学习中的根本重要性值得特别关注，本章结束时将回到这一问题并详细分析。

1.2.2　在线垃圾邮件过滤

考虑一个在线垃圾邮件过滤系统。电子邮件重复到达系统并被分类为垃圾邮件或有效邮件。显然，这样的系统必须应对对抗生成的数据，并随着输入的变化而动态变化——这是 OCO 模型的标志。

该模型的线性变体是利用"单词袋"将电子邮件表示为向量来捕获的。每封电子邮件都表示为向量 $\mathbf{a} \in \mathbb{R}^d$，其中 d 是字典中的单词数。这个向量中的其他条目都是 0，只有那些与电子邮件中出现的单词相对应的坐标被赋予值 1。

为了预测电子邮件是否是垃圾邮件，学习一个过滤器，例如向量 $\mathbf{x} \in \mathbb{R}^d$。通常，这个向量的 Euclidean 范数上的界是由先验决定的，并且在实践中是一个非常重要的参数。

过滤器 $\mathbf{x} \in \mathbb{R}^d$ 对电子邮件 $\mathbf{a} \in \mathbb{R}^d$ 的分类是由这两个向量之间的内积的符号给出的，即 $\hat{b} = \mathrm{sign}(\mathbf{x}^\top \mathbf{a})$ (例如，+1 表示有效邮件，-1 表示垃圾邮件)。

在在线垃圾邮件过滤的 OCO 模型中，决策集被认为是所有这些范数有界线性过滤器的集合，即一定半径的 Euclidean 球。代价函数是根据到达系统的传入电子邮件流及其标签 (可能是系统已知的、部分已知的或根本不知道的) 确定的。设 $(\mathbf{a},b)$ 是一个电子邮件 / 标签对。然后过滤器上相应的代价函数由 $f(\mathbf{x}) = \ell(\hat{b}, b)$ 给出。这里 $\hat{b}$ 是由过滤器 $\mathbf{x}$ 给出的分类，b 是真标签，ℓ 是凸损失函数，例如，缩放平方损失 $\ell(\hat{b}, b) = \frac{1}{4}(\hat{b} - b)^2$。

在这一点上，读者可能会想：为什么要使用平方损失而不是任何其他函数？最自然的选择可能是，如果 $b = \hat{b}$，则损失为 1，否则为 0。

要回答这个问题，首先要注意，如果 b 和 $\hat{b}$ 都是二进制的，并且以 {-1,1} 为单位，那么平方损失实际上是 1 或 0。然而，使用连续函数使我们在决策过程中具有更大的灵活性。例如，可以允许算法根据其置信度返回区间 [-1,1] 中的数字。

另一个原因与找到一个好解的算法效率有关。后面会介绍。

1.2.3　在线最短路径

在在线最短路径问题中，给决策者一个有向图 $G=(V,E)$ 和 $u,v \in V$ 的源-宿对。在每次迭代 $t \in [T]$ 中，决策者选择路径 $p_t \in \mathcal{P}_{u,v}$，其中 $\mathcal{P}_{u,v} \subseteq E^{|V|}$ 是图中所有 u-v 路径的集合。对手独立选择图的边上的权重 (长度)，该权重由从边到实数的函数 $\mathbf{w}_t : E \mapsto \mathbb{R}$ 给出，该函数可以表示为向量 $\mathbf{w}_t \in \mathbb{R}^m$，其中 $m = |E|$。决策者遭受并观察到损失，该损失是所选路径 $\sum_{e \in p_t} \mathbf{w}_t(e)$ 的加权长度。

将这个问题离散地描述为专家问题，即每条路径都有一个专家，这对效率提出了挑战。就图形表示的大小而言，可能存在许多呈指数级增长的路径。

此外，在线最短路径问题可以在如下的 OCO 框架中求解。回想一下图中路径 (流) 上所有分布的集合的标准描述，即 $\mathbb{R}^m$ 中的凸集，具有 $O(m+|V|)$ 约束 (见图 1.1)。用 $\mathcal{K}$ 表示这个流多面体 (flow polytope)。给定流 $\mathbf{x} \in \mathcal{K}$ (路径上的分布) 的预期代价是线性函数，由 $f_t(\mathbf{x}) = \mathbf{w}_t^\top \mathbf{x}$ 给

出，其中，$\mathbf{w}_t(e)$ 是边 $e \in E$ 的长度。这种固有的简洁公式可以得到计算效率高的算法。

$$\sum_{e=(u,w),w \in V} \mathbf{x}_e = 1 = \sum_{e=(w,v),w \in V} \mathbf{x}_e \qquad \text{流量加和为 1}$$

$$\forall w \in V \setminus \{u,v\} \sum_{e=(v,x) \in E} \mathbf{x}_e = \sum_{e=(x,v) \in E} \mathbf{x}_e \qquad \text{流量守恒}$$

$$\forall e \in E \ \ 0 \le \mathbf{x}_e \le 1 \qquad \text{容量约束}$$

图 1.1 定义流多面体的线性等式和不等式，是所有 u-v 路径的凸胞体

1.2.4 投资组合选择

在本节中，考虑一个投资组合选择模型，该模型不对股票市场做任何统计假设 (与股票价格的标准几何 Brownian 运动模型相反)，称为通用投资组合选择 (universal portfolio selection) 模型。

在每次迭代 $t \in [T]$ 时，决策者选择财富在 n 种资产 $\mathbf{x}_t \in \Delta_n$ 上的分配。对手独立选择资产的市场回报，即所有元素为正的向量 $\mathbf{r}_t \in \mathbb{R}^n$，使得每个坐标 $\mathbf{r}_t(i)$ 是迭代 t 和 $t+1$ 之间第 i 个资产的价格比。投资者在 $t+1$ 和 t 迭代时的财富之比为 $\mathbf{r}_t^\top \mathbf{x}_t$，因此此设置中的收益被定义为财富变化比率的对数 $\log(\mathbf{r}_t^\top \mathbf{x}_t)$。注意，由于 $\mathbf{x}_t$ 是投资者财富的分配，即使 $\mathbf{x}_{t+1} = \mathbf{x}_t$，投资者可能仍需要进行交易以调整价格变化。

遗憾最小化的目标，在这种情况下对应最小化差值 $\max_{\mathbf{x}^\star \in \Delta_n} \sum_{t=1}^T \log(\mathbf{r}_t^\top \mathbf{x}^\star) - \sum_{t=1}^T \log(\mathbf{r}_t^\top \mathbf{x}_t)$，具有直观的解释。第一项是事后最佳分布 $\mathbf{x}^\star$ 所累积财富的对数。由于该分布是固定的，因此它对应于在每个交易期后重新平衡头寸的策略，因此被称为恒定再平衡投资组合 (constant rebalanced portfolio)。第二项是在线决策者积累的财富的对数。因此，遗憾最小化对应于最大化投资者的财富与投资策略库中最佳基准的财富之比。

一种通用投资组合选择算法 (universal portfolio selection algorithm) 被定义为：在这种情况下，遗憾收敛到 0。这种算法虽然需要指数时间，但首先由 Cover 描述 (见 1.4 节)。OCO 框架已经给出了

基于牛顿方法的更有效的算法，第 4 章将详细研究这些方法。

1.2.5　矩阵补全和推荐系统

大规模媒体交付系统的流行，如 Netfix 在线视频库、Spotify 音乐服务和许多其他系统，产生了超大规模的推荐系统。矩阵补全模型是自动推荐最流行和最成功的模型之一。在这个数学模型中，推荐被认为是组成一个矩阵。用户表示为行向量，不同的媒体是各列，在与特定用户/媒体对相对应的元素位置处有一个值，表示用户对该特定媒体的偏好评分。

例如，对于音乐的二进制推荐，有一个矩阵 $X \in \{0,1\}^{n \times m}$，其中 n 是考虑的人数，m 是库中的歌曲数量，0/1 分别表示不喜欢/喜欢：

$$X_{ij} = \begin{cases} 0, & \text{用户 } i \text{ 不喜欢歌曲 } j \\ 1, & \text{用户 } i \text{ 喜欢歌曲 } j \end{cases}$$

在在线设置中，对于每次迭代，决策者输出一个偏好矩阵 $X_t \in \mathcal{K}$，其中 $\mathcal{K} \subseteq \{0,1\}^{n \times m}$ 是所有可能的 0/1 矩阵的子集。然后，对手选择用户 / 歌曲对 (i_t, j_t) 以及该对 $y_t \in \{0,1\}$ 的"真实"偏好。因此决策者所遭受的损失可以用凸损失函数描述。

$$f_t(X) = (X_{i_t, j_t} - y_t)^2$$

在这种情况下，自然的比较器是一个低秩矩阵，这对应于偏好由少数未知因素决定的直观假设。相对于该比较器，遗憾值意味着平均而言，执行的偏好预测误差与最佳低秩矩阵一样少。

第 7 章将回到这个问题，并探讨它的有效算法。

1.3　混合的开始：从专家建议中学习

考虑以下基本的迭代决策问题。

在每个时间步长 $t=1,2,\dots,T$，决策者面临两个动作 A 或 B 之间的

选择 (即购买或出售特定股票)。决策者得到了 N 个"专家"的帮助，这些"专家"提供建议。在两个动作之间选择后，决策者接收与每个决策相关联的损失形式的反馈。为了简单起见，其中一个动作的损失为 0(即"正确"决策)，另一个动作损失为 1。

下面进行初步观察。

(1) 决策者在每次迭代中随机一致地选择一个动作，通常会损失 $\frac{T}{2}$，并且在 50% 的时间内是"正确的"。

(2) 就错误数量而言，在最坏的情况下，没有任何算法能做得更好！在后面的练习中，将设计一个随机设置，其中任何算法的预期错误数至少为 $\frac{T}{2}$。

因此，有动机考虑一个相对性能指标 (relative performance metric)：事后看来，决策者能像最好的专家一样少犯错误吗？定理 1.1 表明，对于确定性决策者来说，在最坏的情况下，答案是否定的。

定理 1.1 令 $L \le \frac{T}{2}$ 表示最好的专家事后所犯错误的数量。那么，不存在一种可以保证错误少于 $2L$ 的确定性算法。

证明 假设只有两位专家，其中一位总是选择 A 选项，而另一位总是选择 B 选项。考虑对手总是选择与我们预测相反方向的设置 (可以这样做，因为我们的算法是确定的)。那么，该算法所犯的错误总数就是 T。然而，最好的专家犯的错误不超过 $\frac{T}{2}$ (在每次迭代中，两个专家中只有一个错误)。因此，没有一种算法能够始终保证错误少于 $2L$。

这一观察结果推动了随机决策算法的设计，事实上，OCO 框架在连续概率空间上优雅地对决策建模。因此可证明定理 1.2，表述如下。

定理 1.2 设 $\varepsilon \in (0, \frac{1}{2})$。假设最好的专家犯了 L 次错误。则：

(1) 存在一种有效的确定性算法，可以保证少于 $2(1+\varepsilon)L + \frac{2\log N}{\varepsilon}$ 次错误；

(2) 有一种有效的随机算法，其预期错误数最多为 $(1+\varepsilon)L + \frac{\log N}{\varepsilon}$。

1.3.1　加权多数算法

加权多数 (Weighted Majority，WM) 算法可以直观地描述：每位专家 i 在每个迭代 t 处被分配权重 $W_t(i)$。最初，为所有专家 $i \in [N]$ 设置 $W_1(i) = 1$。对于所有 $t \in [T]$，设 $S_t(A), S_t(B) \subseteq [N]$ 是在时间 t 选择 A(和选择 B) 的专家集。定义

$$W_t(A) = \sum_{i \in S_t(A)} W_t(i) \qquad W_t(B) = \sum_{i \in S_t(B)} W_t(i)$$

根据下式预测

$$a_t = \begin{cases} A & \text{如果 } W_t(A) \geq W_t(B) \\ B & \text{其他} \end{cases}$$

接下来，按照如下方式更新权重 $W_t(i)$：

$$W_{t+1}(i) = \begin{cases} W_t(i) & \text{如果专家 } i \text{ 是对的} \\ W_t(i)(1 - \varepsilon) & \text{如果专家 } i \text{ 是错的} \end{cases}$$

其中 ε 是将影响其性能的算法的参数。这就结束了对加权多数算法的描述。下面研究该算法犯错的界。

引理 1.1　用 M_t 表示算法到时间 t 为止所犯的错误数，用 $M_t(i)$ 表示专家 i 到时间 t 为止所犯的错误数。那么，对于任何专家 $i \in [N]$，有

$$M_T \leq 2(1 + \varepsilon)M_T(i) + \frac{2 \log N}{\varepsilon}$$

可以优化 ε 以最小化上述界。右侧的表达式的形式为 $f(x) = ax + b/x$，在 $x = \sqrt{b/a}$ 处达到其最小值。因此，界在 $\varepsilon^\star = \sqrt{\log N / M_T(i)}$ 处被最小化。利用这一最佳 ε 值，可知对于最好的专家 $i^\star$，有

$$M_T \leq 2M_T(i^\star) + O\left(\sqrt{M_T(i^\star) \log N}\right)$$

当然，$\varepsilon^\star$ 的值不能提前使用，因为不知道哪位专家是最好的专家 [因此不知道 $M_T(i^\star)$ 的值]。然而，稍后将看到，即使没有这些先验知识，也可以获得相同的渐近界。

现在证明引理 1.1。

证明　对于所有 $t \in [T]$，令 $\Phi_t = \sum_{i=1}^{N} W_t(i)$，且注意 $\Phi_1 = N$。

注意，$\Phi_{t+1} \leq \Phi_t$。然而，对于加权多数算法错误的迭代，有

$$\Phi_{t+1} \leq \Phi_t(1 - \frac{\varepsilon}{2})$$

原因是总专家权重中至少有一半的专家错了（不然加权多数算法不会出错），因此

$$\Phi_{t+1} \leq \frac{1}{2}\Phi_t(1-\varepsilon) + \frac{1}{2}\Phi_t = \Phi_t(1 - \frac{\varepsilon}{2})$$

根据所有观察，有

$$\Phi_t \leq \Phi_1(1 - \frac{\varepsilon}{2})^{M_t} = N(1 - \frac{\varepsilon}{2})^{M_t}$$

另一方面，根据任一专家 i 的定义，有

$$W_T(i) = (1-\varepsilon)^{M_T(i)}$$

由于 $W_T(i)$ 的值总是小于所有权重的和 Φ_T，可得

$$(1-\varepsilon)^{M_T(i)} = W_T(i) \leq \Phi_T \leq N(1 - \frac{\varepsilon}{2})^{M_T}$$

两边取对数，可得

$$M_T(i)\log(1-\varepsilon) \leq \log N + M_T \log\left(1 - \frac{\varepsilon}{2}\right)$$

接下来，使用近似

$$-x - x^2 \leq \log(1-x) \leq -x \qquad 0 < x < \frac{1}{2}$$

根据对数函数的泰勒级数，可得

$$-M_T(i)(\varepsilon + \varepsilon^2) \leq \log N - M_T \frac{\varepsilon}{2}$$

引理证毕。

1.3.2　随机加权多数

在加权多数算法的随机版本（记作 RWM）中，时刻 t 时选择专家 i

的概率为 $p_t(i) = W_t(i) / \sum_{j=1}^{N} W_t(j)$。

引理 1.2　令 M_t 表示直至迭代 t，RWM 算法的错误次数，则对任意专家 $i \in [N]$，有

$$\mathbf{E}[M_T] \leq (1 + \varepsilon) M_T(i) + \frac{\log N}{\varepsilon}$$

这个引理的证明与引理 1.1 的证明非常相似，由于使用了随机性，常数因子 2 省略了。

证明　如引理 1.1，对于所有 $t \in [T]$，令 $\Phi_t = \sum_{i=1}^{N} W_t(i)$，并记 $\Phi_1 = N$。令 $\tilde{m}_t = M_t - M_{t-1}$ 为指示变量，若 RWM 算法在迭代 t 时出错，则指示变量为 1。如果专家 i 在迭代 t 犯错，则令 $m_t(i)$ 等于 1，否则为 0。考查权重和，得

$$\begin{aligned}
\Phi_{t+1} &= \sum_i W_t(i)(1 - \varepsilon m_t(i)) \\
&= \Phi_t(1 - \varepsilon \sum_i p_t(i) m_t(i)) \qquad p_t(i) = \frac{W_t(i)}{\sum_j W_t(j)} \\
&= \Phi_t(1 - \varepsilon \, \mathbf{E}[\tilde{m}_t]) \\
&\leq \Phi_t e^{-\varepsilon \, \mathbf{E}[\tilde{m}_t]} \qquad\qquad\qquad 1 + x \leq e^x
\end{aligned}$$

另一方面，根据定义，对于任一专家 i 有

$$W_T(i) = (1 - \varepsilon)^{M_T(i)}$$

由于 $W_T(i)$ 的值总是小于所有权重的和 Φ_T，可得

$$(1 - \varepsilon)^{M_T(i)} = W_T(i) \leq \Phi_T \leq N e^{-\varepsilon \, \mathbf{E}[M_T]}$$

两边取对数，可得

$$M_T(i) \log(1 - \varepsilon) \leq \log N - \varepsilon \, \mathbf{E}[M_T]$$

接下来，使用近似

$$-x - x^2 \leq \log(1 - x) \leq -x, \quad 0 < x < \frac{1}{2}$$

可得

$$-M_T(i)(\varepsilon + \varepsilon^2) \le \log N - \varepsilon \, \mathbf{E}[M_T]$$

引理证毕。

1.3.3   Hedge

RWM 实际上更为通用：可以考虑通过非负实数 $\ell_t(i)$ 度量专家的性能，而不是考虑离散的错误数量，我们将 $\ell_t(i)$ 称为专家 i 在迭代 t 时的损失。随机加权多数算法保证了决策者遵循其建议后，平均期望损失将接近事后最好的专家的平均期望损失。

从历史上看，这是由一种名为 Hedge 的不同且密切相关的算法观察到的 (见算法 1.1)，其总损失界将在本书稍后介绍。

算法 1.1   Hedge

1：初始化：$\forall i \in [N]$, $W_1(i) = 1$

2：**for** $t = 1$ 至 T **do**

3：   选择 $i_t \sim_R W_t$，即 $i_t = i$ 的概率为 $\mathbf{x}_t(i) = \dfrac{W_t(i)}{\sum_j W_t(j)}$

4：   计算损失 $\ell_t(i_t)$

5：   更新权重 $W_{t+1}(i) = W_t(i) e^{-\varepsilon \ell_t(i)}$

6：**end for**

由此，用矢量符号表示算法的预期损失

$$\mathbf{E}[\ell_t(i_t)] = \sum_{i=1}^{N} \mathbf{x}_t(i)\ell_t(i) = \mathbf{x}_t^\top \ell_t$$

定理 1.3   令 ℓ_t^2 表示平方损失的 N 维向量，即 $\ell_t^2(i) = \ell_t(i)^2$，令 $\varepsilon > 0$，并假设所有的损失都是非负的。Hedge 算法对于任意专家 $i^\star \in [N]$，满足：

$$\sum_{t=1}^{T} \mathbf{x}_t^\top \ell_t \le \sum_{t=1}^{T} \ell_t(i^\star) + \varepsilon \sum_{t=1}^{T} \mathbf{x}_t^\top \ell_t^2 + \frac{\log N}{\varepsilon}$$

证明 如前，对于所有的 $t\in[T]$，令 $\Phi_t = \sum_{i=1}^{N} W_t(i)$，并记 $\Phi_1 = N$。

考查权重的和：

$$
\begin{aligned}
\Phi_{t+1} &= \sum_i W_t(i)e^{-\varepsilon\ell_t(i)} \\
&= \Phi_t \sum_i \mathbf{x}_t(i)e^{-\varepsilon\ell_t(i)} & \mathbf{x}_t(i) = \frac{W_t(i)}{\sum_j W_t(j)} \\
&\leq \Phi_t \sum_i \mathbf{x}_t(i)(1 - \varepsilon\ell_t(i) + \varepsilon^2\ell_t(i)^2)) & \text{对于 } x \geq 0,\ e^{-x} \leq 1 - x + x^2 \\
&= \Phi_t(1 - \varepsilon\mathbf{x}_t^\top\ell_t + \varepsilon^2\mathbf{x}_t^\top\ell_t^2) \\
&\leq \Phi_t e^{-\varepsilon\mathbf{x}_t^\top\ell_t + \varepsilon^2\mathbf{x}_t^\top\ell_t^2} & 1 + x \leq e^x
\end{aligned}
$$

另一方面，根据定义，对于专家 $i^\star$，有

$$
W_{T+1}(i^\star) = e^{-\varepsilon\sum_{t=1}^T \ell_t(i^\star)}
$$

由于 $W_T(i^\star)$ 的值总小于所有权重的和 Φ_t，可得

$$
W_{T+1}(i^\star) \leq \Phi_{T+1} \leq Ne^{-\varepsilon\sum_t \mathbf{x}_t^\top\ell_t + \varepsilon^2\sum_t \mathbf{x}_t^\top\ell_t^2}
$$

两边取对数，可得

$$
-\varepsilon\sum_{t=1}^T \ell_t(i^\star) \leq \log N - \varepsilon\sum_{t=1}^T \mathbf{x}_t^\top\ell_t + \varepsilon^2\sum_{t=1}^T \mathbf{x}_t^\top\ell_t^2
$$

通过化简定理得证。

1.4　文献评述

OCO 模型最早由 Zinkevich(2003) 定义，此后在学习社区产生了广泛的影响，并在此后得到了大力推广 (见论文与综述：Hazan，2006，2011；Shalev-Shwartz，2011)。

根据专家建议进行预测的问题和加权多数算法是由 Littlestone and Warmuth(1989, 1994) 设计的。这项开创性的工作是乘法更新方法的首次使用之一。乘法更新方法是计算和学习中普遍存在的元算法，更多细节请参阅综述 Arora et al.(2012)。Hedge 算法是由 Freund and Schapire(1997) 提出的。

通用投资组合模型在 Cover(1991)中提出，是最坏情况下在线学

习模型的首批示例之一。Cover 给出了一个在指数时间内运行的通用投资组合选择的最优遗憾算法。Kalai and Vempala(2003) 给出了一个多项式时间算法，Agarwal et al.(2006)、Hazan et al.(2007) 进一步加速了该算法。该模型的许多扩展也出现在文献中，包括交易代价的增加 (Blum and Kalai, 1999) 以及与股票价格的几何布朗运动模型的关系 (Hazan and Kale, 2009)。

Awerbuch and Kleinberg(2008) 在他们有影响力的论文中提出了 OCO 在在线路由中的应用。从那时起，人们投入了大量的工作来改进初始界，并将其推广到一个具有有限反馈的完整决策框架中。该框架是 OCO 的扩展，称为 Bandit 凸优化 (Bandit Convex Optimization，BCO)。

1.5　练习

1. (Claude Shannon 的贡献)

构建两只股票的市场回报率，其中任何一只股票积累的财富呈指数级下降，而最佳的恒定再平衡投资组合的财富则呈指数级增加。更准确地说，构造两个在 $(0, \infty)$ 范围内的数列，用于表示回报，这样：

(a) 投资任何一只股票都会导致财富呈指数级下降，这意味着这些序列中每个序列的数字前缀乘积呈指数级递减。

(b) 对这两种资产进行平均投资，并在每次迭代后进行再平衡，财富将成倍增加。

2. (a) 考虑专家问题，其中损失在 0 和正实数 $G>0$ 之间。假定有一个达到预期损失上界的算法：

$$\sum_{t=1}^{T} \mathbf{E}[\ell_t(i_t)] \le \min_{i^\star \in [N]} \sum_{t=1}^{T} \ell_t(i^\star) + c\sqrt{T \log N}$$

对于你能找到的最佳常数 c(常数 c 应该与博弈迭代次数 T 和专家数量 N 无关。假设 T 是预先知道的)。

(b) 假设上限 G 事先未知，给出一个算法，其性能渐近地与 (a) 中算法一样好，最多加上和 / 或乘一个与 T、N、G 无关的常数。证明你的结论。

3. 考虑专家问题，其中损失可能是负数，并且是 $[-1,1]$ 范围内的实数。给出一个遗憾保证为 $O(\sqrt{T\log N})$ 的算法，证明你的结论。

第2章

凸优化基本概念

本章简要介绍凸优化，并提出求解凸数学规划的一些基本算法。尽管离线凸优化不是本书的主要主题，在开始研究 OCO 之前，回顾基本的定义和结果很有用。这将有助于评估 OCO 的优势和局限性。此外，本章还介绍一些开展后续研究的工具。

本章的内容并不新鲜，存在广泛而详细的文献，读者可以参考 2.6 节。在这里只给出最基本的分析，并将重点放在以后对我们有用的技术上。

2.1 基本定义和设置

本章的目标是最小化 Euclidean 空间的凸子集上的连续凸函数。因此，令 $\mathcal{K} \subseteq \mathbb{R}^d$ 是 Euclidean 空间中的有界凸集和闭集。用 D 表示 $\mathcal{K}$ 直径的上界：

$$\forall \mathbf{x}, \mathbf{y} \in \mathcal{K}, \ \|\mathbf{x} - \mathbf{y}\| \leq D$$

如果对于任何 $\mathbf{x}, \mathbf{y} \in \mathcal{K}$，连接 $\mathbf{x}$ 和 $\mathbf{y}$ 的线段上的所有点也属于 $\mathcal{K}$(即下式成立)，则集合 $\mathcal{K}$ 是凸的。

$$\forall \alpha \in [0, 1], \ \alpha \mathbf{x} + (1 - \alpha)\mathbf{y} \in \mathcal{K}$$

如果对于任意 $\mathbf{x}, \mathbf{y} \in \mathcal{K}$,不等式成立,则函数 $f: \mathcal{K} \mapsto \mathbb{R}$ 是凸的。

$$\forall \alpha \in [0, 1], \ f((1 - \alpha)\mathbf{x} + \alpha\mathbf{y}) \leq (1 - \alpha)f(\mathbf{x}) + \alpha f(\mathbf{y})$$

这种不等式及其泛化也被称为 Jensen 不等式。也就是说,如果 f 是可微的,即其梯度 $\nabla f(\mathbf{x})$ 对于所有 $\mathbf{x} \in \mathcal{K}$ 都存在,则当且仅当 $\forall \mathbf{x}, \mathbf{y} \in \mathcal{K}$ 时,f 为凸的。

$$f(\mathbf{y}) \geq f(\mathbf{x}) + \nabla f(\mathbf{x})^\top (\mathbf{y} - \mathbf{x})$$

对于凸但不可微函数 f,其在 $\mathbf{x}$ 处的次梯度 (subgradient) 定义为所有满足 $\mathbf{y} \in \mathcal{K}$ 的向量集合 $\{\nabla f(\mathbf{x})\}$ 中的任意元素。

用 $G > 0$ 表示 f 在 $\mathcal{K}$ 上的次梯度范数的上界,即对于所有 $\mathbf{x} \in \mathcal{K}$,满足 $\|\nabla f(\mathbf{x})\| \leq G$。这样的上界意味着函数 f 与参数 G 是 Lipschitz(利普希茨) 连续的。也就是说,对于所有 $\mathbf{x}, \mathbf{y} \in \mathcal{K}$,有

$$|f(\mathbf{x}) - f(\mathbf{y})| \leq G\|\mathbf{x} - \mathbf{y}\|$$

优化和机器学习文献研究了特殊类型的凸函数,这些凸函数具有有用的性质,从而可以实现更高效的优化。值得注意的是,如果以下条件成立,则称函数是 α 强凸的:

$$f(\mathbf{y}) \geq f(\mathbf{x}) + \nabla f(\mathbf{x})^\top (\mathbf{y} - \mathbf{x}) + \frac{\alpha}{2}\|\mathbf{y} - \mathbf{x}\|^2$$

如果以下条件成立,则称函数是 β 光滑的:

$$f(\mathbf{y}) \leq f(\mathbf{x}) + \nabla f(\mathbf{x})^\top (\mathbf{y} - \mathbf{x}) + \frac{\beta}{2}\|\mathbf{y} - \mathbf{x}\|^2$$

后续条件等效于梯度上的 Lipschitz 条件,即

$$\|\nabla f(\mathbf{x}) - \nabla f(\mathbf{y})\| \leq \beta\|\mathbf{x} - \mathbf{y}\|$$

如果函数是二次可微的,并且存在二阶导数,如多变量函数的 Hessian 矩阵,则上述条件等价于 Hessian 矩阵满足以下条件,记为 $\nabla^2 f(\mathbf{x})$:

$$\alpha I \preccurlyeq \nabla^2 f(\mathbf{x}) \preccurlyeq \beta I$$

其中,如果矩阵 $B - A$ 是半正定 (positive semidefinite) 的,则 $A \preccurlyeq B$。

当函数 f 是 α 强凸且 β 光滑，则可以说它是 γ 良态 (well-conditioned)，其中 γ 为强凸性与光滑性之间的比率，也被称为 f 的条件数 (condition number)。

$$\gamma = \frac{\alpha}{\beta} \leq 1$$

2.1.1 凸集上的投影

在以下算法中，将使用凸集上的投影操作，凸集上的投影被定义为凸集内与给定点的 Euclidean 距离最近的点。[1] 形式化地写作：

$$\prod_{\mathcal{K}}(\mathbf{y}) \overset{\text{def}}{=} \arg\min_{\mathbf{x} \in \mathcal{K}} \|\mathbf{x} - \mathbf{y}\|$$

当语境很清楚时，将删除 $\mathcal{K}$ 下标。读者可以通过练习证明给定点在闭合、有界和凸集上的投影存在并且唯一。

投影的计算复杂性是一个微妙的问题，很大程度上取决于 $\mathcal{K}$ 本身的特征。一般来说，$\mathcal{K}$ 可以由成员 Oracle 表示，这是一个有效的过程，能够决定给定的 x 是否属于 $\mathcal{K}$。在这种情况下，可以在多项式时间内计算投影。在某些特殊情况下，可以在近似线性时间内非常有效地计算投影。投影的计算成本，以及完全避免投影的优化算法，参见第 7 章。

扩展使用投影的一个关键性质是勾股定理。

定理 2.1 (勾股定理，见图 2.1) 令 $\mathcal{K} \subseteq \mathbb{R}^d$ 为凸集，$\mathbf{y} \in \mathbb{R}^d$ 且 $\mathbf{x} = \prod_{\mathcal{K}}(\mathbf{y})$。则对任意 $\mathbf{z} \in \mathcal{K}$，有

$$\|\mathbf{y} - \mathbf{z}\| \geq \|\mathbf{x} - \mathbf{z}\|$$

勾股定理有一个更普遍的版本。定理 2.1 和投影的定义不仅对 Euclidean 范数真实有效，而且也适用于其他非范数距离的投影。特别是，类似 Bregman 散席上的勾股定理仍然成立 (见第5章)。

---

1 将在第 5 章中讨论关于其他距离概念的投影。

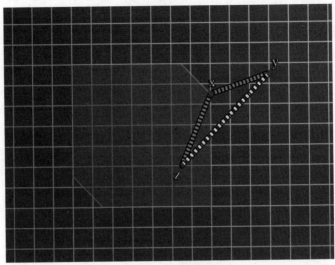

图 2.1　勾股定理

2.1.2　最优条件介绍

高中数学的标准课程包含了关于函数 (通常是一维函数) 何时达到局部最优或鞍点的基本事实。将这些条件泛化至一维以上的空间，则称为 KKT(Karush-Kuhn-Tucker) 条件，读者可以参考 2.6 节"文献评述"来深入而严格地讨论数学规划中的最优条件。

针对本书的目的，只简要而直观地描述今后需要的主要事实。自然，本书的内容限于凸规划，因此凸函数的局部极小值也是全局极小值 (见2.7节)。一般来说，函数可以在很多点上取极小值，这里指的是给定目标函数的极小值集，表示为 $\arg\min_{\mathbf{x}\in\mathbb{R}^n}\{f(\mathbf{x})\}$[1]。

$\mathbb{R}$ 上的凸可微函数的极小值是其导数等于 0 的点，多维情形下这一事实可以推广为其梯度为 0 的向量的点：

$$\nabla f(\mathbf{x}) = 0 \iff \mathbf{x} \in \arg\min_{\mathbf{x}\in\mathbb{R}^n}\{f(\mathbf{x})\}$$

1　这个符号代表最小化括号内表达式的参数，括号是 $\mathbb{R}^d$ 中的一个子集。

对于约束优化，需要一个稍微更一般但同样直观的事实：在约束凸函数的最低点，负梯度和朝向 $\mathcal{K}$ 内部的方向之间的内积是非正的，如图 2.2 所示。图 2.2 表明 $-\nabla f(\mathbf{x}^\star)$ 定义了 $\mathcal{K}$ 的支持超平面。直觉是，如果内积为正，那么可以通过沿着投影的负梯度方向移动来改善目标。这一事实在定理 2.2 中得到了形式化的描述。

定理2.2(Karush-Kuhn-Tucker，KKT) 令 $\mathcal{K} \subseteq \mathbb{R}^d$ 为 一 个 凸 集，$\mathbf{x}^\star \in \arg\min_{\mathbf{x}\in\mathcal{K}} f(\mathbf{x})$。那么对于任意 $\mathbf{y} \in \mathcal{K}$，有

$$\nabla f(\mathbf{x}^\star)^\top (\mathbf{y} - \mathbf{x}^\star) \geq 0$$

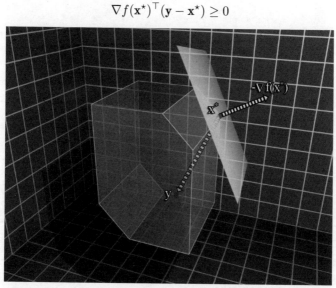

图 2.2　最优条件：负次梯度指向外侧

2.2　梯度下降

梯度下降 (Gradient Descent，GD) 是最简单和最古老的优化方法。这是一种迭代方法，优化过程通过迭代进行，每次迭代都提高目标值。基本方法相当于在梯度的方向上迭代地移动当前点，如果梯度是明确给定的，这是一种线性时间操作 (事实上，对于许多函数来说，计算某一

点的梯度是一种简单的线性时间运算)。

无约束优化的基本模板在算法 2.1 中给出，其产生的迭代过程如图 2.3 所示。

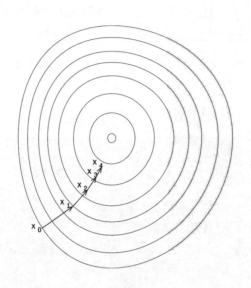

图 2.3　梯度下降算法迭代过程

算法 2.1　梯度下降

1：输入：时域 T，初始点 x_0，步长 $\{\eta_t\}$

2：**for** $t = 0,...,T-1$ **do**

3：　　$\mathbf{x}_{t+1} = \mathbf{x}_t - \eta_t \nabla_t$

4：**end for**

5：**return** $\bar{\mathbf{x}} = \arg\min_{\mathbf{x}_t}\{f(\mathbf{x}_t)\}$

对于凸函数，总是存在步长的选择，这将导致梯度下降算法收敛到最优解。然而，收敛速率差别很大，取决于目标函数的光滑性和强凸性属性。表 2.1 总结了具有不同凸性参数的凸函数的梯度下降变体的收敛速度 (以速率表示)。所述的速率省略了界中的 (通常很小的) 常数——本书关注渐进速率。

表 2.1　一阶 (梯度) 方法的收敛速率是迭代次数以及目标的

光滑性和强凸性的函数

	一般	α 强凸	β 光滑	γ 良态
梯度下降	$\frac{1}{\sqrt{T}}$	$\frac{1}{\alpha T}$	$\frac{\beta}{T}$	$e^{-\gamma T}$
加速梯度下降			$\frac{\beta}{T^2}$	$e^{-\sqrt{\gamma}\,T}$

注：省略了对其他参数和常数的依赖，即 Lipchitz 常数、约束集的直径和到目标的初始距离。一般情况下，非光滑函数不能加速。

本节只说明表 2.1 的第一行。有关加速方法及其分析，参阅 2.6 节所列的文献。

2.2.1　Polyak 步长

幸运的是，存在一种简单的步长选择，可以产生最优收敛速率，称为 Polyak 步长。它具有不依赖目标函数的强凸性和/或光滑性参数的巨大优势。

然而，它确实取决于函数值到最优值和梯度范数的距离。虽然后者可以有效地估计，但如果 $f(\mathbf{x}^*)$ 不提前知道，则到最优值的距离有时不可用。但就像 2.6 节所述的，这是可以补救的。

因此，这里记：

(1) 与最优值之间距离的值：$h_t = h(\mathbf{x}_t) = f(\mathbf{x}_t) - f(\mathbf{x}^*)$

(2) 与最优值之间的 Euclidean 距离：$d_t = \|\mathbf{x}_t - \mathbf{x}^*\|$

(3) 当前梯度范数：$\|\nabla_t\| = \|\nabla f(\mathbf{x}_t)\|$

有了这些符号，可以在算法 2.2 中精确地描述算法。

算法 2.2　利用 Polyak 步长的梯度下降

1：输入：时间范围 T, x_0

2：**for** $t=0,...,T-1$ **do**

3：　　设 $\eta_t = \frac{h_t}{\|\nabla_t\|^2}$

4：　　$\mathbf{x}_{t+1} = \mathbf{x}_t - \eta_t \nabla_t$

5：**end for**

6：返回 $\bar{\mathbf{x}} = \arg\min_{\mathbf{x}_t}\{f(\mathbf{x}_t)\}$

为了证明精确的收敛界，假设 $\|\nabla_t\| \leq G$，并定义：

$$B_T = \min\left\{\frac{Gd_0}{\sqrt{T}}, \frac{2\beta d_0^2}{T}, \frac{3G^2}{\alpha T}, \beta d_0^2\left(1 - \frac{\gamma}{4}\right)^T\right\}$$

现在可以用 Polyak 步长阐述梯度下降的主要保证，如定理 2.3 所示。

定理 2.3 （利用 Polyak 步长的梯度下降）算法 2.2 在 T 步后保证以下内容：

$$f(\bar{\mathbf{x}}) - f(\mathbf{x}^\star) \leq \min_{0 \leq t \leq T}\{h_t\} \leq B_T$$

2.2.2 度量与最优值之间的距离

在分析梯度方法的收敛性时，使用势函数作为到最优值距离的函数，例如梯度范数和/或 Euclidean 距离。这些量之间存在引理 2.1 所述的关系。

引理 2.1 Euclidean 空间 $\mathbb{R}^d$ 上的 α 强凸函数和/或 β 光滑函数具有以下性质：

(1) $\frac{\alpha}{2}d_t^2 \leq h_t$

(2) $h_t \leq \frac{\beta}{2}d_t^2$

(3) $\frac{1}{2\beta}\|\nabla_t\|^2 \leq h_t$

(4) $h_t \leq \frac{1}{2\alpha}\|\nabla_t\|^2$

证明

(1) $h_t \geq \frac{\alpha}{2}d_t^2$

根据强凸性，有

$$\begin{aligned}
h_t &= f(\mathbf{x}_t) - f(\mathbf{x}^\star) \\
&\geq \nabla f(\mathbf{x}^\star)^\top(\mathbf{x}_t - \mathbf{x}^\star) + \frac{\alpha}{2}\|\mathbf{x}_t - \mathbf{x}^\star\|^2 \\
&= \frac{\alpha}{2}\|\mathbf{x}_t - \mathbf{x}^\star\|^2
\end{aligned}$$

其中，最后一个不等式因全局最优值处梯度为 0 而得。

(2) $h_t \leq \frac{\beta}{2} d_t^2$

根据光滑性，有

$$
\begin{aligned}
h_t &= f(\mathbf{x}_t) - f(\mathbf{x}^\star) \\
&\leq \nabla f(\mathbf{x}^\star)^\top (\mathbf{x}_t - \mathbf{x}^\star) + \frac{\beta}{2} \|\mathbf{x}_t - \mathbf{x}^\star\|^2 \\
&= \frac{\beta}{2} \|\mathbf{x}_t - \mathbf{x}^\star\|^2
\end{aligned}
$$

其中，最后一个不等式因全局最优值处梯度为 0 而得。

(3) $h_t \geq \frac{1}{2\beta} \|\nabla_t\|^2$

利用光滑性，对于：$\eta = \frac{1}{\beta}$，令 $\mathbf{x}_{t+1} = \mathbf{x}_t - \eta \nabla_t$，有

$$
\begin{aligned}
h_t &= f(\mathbf{x}_t) - f(\mathbf{x}^\star) \\
&\geq f(\mathbf{x}_t) - f(\mathbf{x}_{t+1}) \\
&\geq \nabla f(\mathbf{x}_t)^\top (\mathbf{x}_t - \mathbf{x}_{t+1}) - \frac{\beta}{2} \|\mathbf{x}_t - \mathbf{x}_{t+1}\|^2 \\
&= \eta \|\nabla_t\|^2 - \frac{\beta}{2} \eta^2 \|\nabla_t\|^2 \\
&= \frac{1}{2\beta} \|\nabla_t\|^2
\end{aligned}
$$

(4) $h_t \leq \frac{1}{2\alpha} \|\nabla_t\|^2$

对于任意一对 $\mathbf{x}, \mathbf{y} \in \mathbb{R}^d$，有

$$
\begin{aligned}
f(\mathbf{y}) &\geq f(\mathbf{x}) + \nabla f(\mathbf{x})^\top (\mathbf{y} - \mathbf{x}) + \frac{\alpha}{2} \|\mathbf{x} - \mathbf{y}\|^2 \\
&\geq \min_{\mathbf{z} \in \mathbb{R}^d} \left\{ f(\mathbf{x}) + \nabla f(\mathbf{x})^\top (\mathbf{z} - \mathbf{x}) + \frac{\alpha}{2} \|\mathbf{x} - \mathbf{z}\|^2 \right\} \\
&= f(\mathbf{x}) - \frac{1}{2\alpha} \|\nabla f(\mathbf{x})\|^2
\end{aligned}
$$

通过取 $\mathbf{z} = \mathbf{x} - \frac{1}{\alpha} \nabla f(\mathbf{x})$,

特别地，取 $\mathbf{x} = \mathbf{x}_t$，$\mathbf{y} = \mathbf{x}^\star$，可得

$$
h_t = f(\mathbf{x}_t) - f(\mathbf{x}^\star) \leq \frac{1}{2\alpha} \|\nabla_t\|^2 \tag{2.1}
$$

2.2.3　Polyak 步长分析

现在准备证明定理 2.3，它直接来自引理 2.2。

引理 2.2 假设序列 $\mathbf{x}_0, \cdots \mathbf{x}_t$ 满足

$$d_{t+1}^2 \le d_t^2 - \frac{h_t^2}{\|\nabla_t\|^2} \tag{2.2}$$

那么对于算法中定义的 $\bar{\mathbf{x}}$，有

$$f(\bar{\mathbf{x}}) - f(\mathbf{x}^\star) \le \frac{1}{T} \sum_t h_t \le B_T$$

证明 证明过程分析了以下不同情形。

(1) 对于梯度以 G 为界的凸函数，

$$d_{t+1}^2 - d_t^2 \le -\frac{h_t^2}{\|\nabla_t\|^2} \le -\frac{h_t^2}{G^2}$$

T 次迭代加和，并在 $\frac{1}{T}\mathbf{1}$ 和 $(h_1, \ldots, h_T)$ 的 T 维向量上使用 Cauchy-Schwartz 不等式，有

$$\begin{aligned}
\frac{1}{T}\sum_t h_t &\le \frac{1}{\sqrt{T}}\sqrt{\sum_t h_t^2} \\
&\le \frac{G}{\sqrt{T}}\sqrt{\sum_t (d_t^2 - d_{t+1}^2)} \\
&\le \frac{Gd_0}{\sqrt{T}}
\end{aligned}$$

(2) 对于梯度以 G 为界的光滑函数，引理 2.1 蕴含着

$$d_{t+1}^2 - d_t^2 \le -\frac{h_t^2}{\|\nabla_t\|^2} \le -\frac{h_t}{2\beta}$$

其中蕴含着

$$\frac{1}{T}\sum_t h_t \le \frac{2\beta d_0^2}{T}$$

(3) 对于强凸函数，引理 2.1 蕴含着

$$d_{t+1}^2 - d_t^2 \le -\frac{h_t^2}{\|\nabla_t\|^2} \le -\frac{h_t^2}{G^2} \le -\frac{\alpha^2 d_t^4}{4G^2}$$

换句话说，$d_{t+1}^2 \le d_t^2(1 - \frac{\alpha^2 d_t^2}{4G^2})$。定义 $a_t := \frac{\alpha^2 d_t^2}{4G^2}$，有

$$a_{t+1} \le a_t(1 - a_t)$$

这蕴含着 $a_t \le \frac{1}{t+1}$，这可以通过归纳法看出 [1]。完整证明如下 [2]：

$$
\begin{aligned}
\frac{1}{T/2} \sum_{t=T/2}^{T} h_t^2 &\le \frac{2G^2}{T} \sum_{t=T/2}^{T} (d_t^2 - d_{t+1}^2) \\
&= \frac{2G^2}{T}(d_{T/2}^2 - d_T^2) \\
&= \frac{8G^4}{\alpha^2 T}(a_{T/2} - a_T) \\
&\le \frac{9G^4}{\alpha^2 T^2}
\end{aligned}
$$

因此，存在一个 t，其中 $h_t^2 \le \frac{9G^4}{\alpha^2 T^2}$。取平方根即可完成证明。

(4) 对于强凸函数和光滑函数，有

$$d_{t+1}^2 - d_t^2 \le -\frac{h_t^2}{\|\nabla_t\|^2} \le -\frac{h_t}{2\beta} \le -\frac{\alpha}{4\beta} d_t^2$$

因此，

$$h_T \le \beta d_T^2 \le \beta d_0^2 \left(1 - \frac{\alpha}{4\beta}\right)^T = \beta d_0^2 \left(1 - \frac{\gamma}{4}\right)^T$$

所有情形下的证明结束。

2.3　约束梯度/次梯度下降

本书考虑的绝大多数问题都包括限制因素。考虑 1.2 节中给出的示例：路径是流多面体中的一个点，投资组合是单纯形中的一点等。在优

1　根据引理 2.1 得 $a_0 \le 1$。对于 $t=1$，因为 $a_1 \le a_0(1 - a_0)$ 和 $0 \le a_0 \le 1$，有 $a_1 \le \frac{1}{2}$。可用归纳法，$a_t \le a_{t-1}(1 - a_{t-1}) \le \frac{1}{t}(1 - \frac{1}{t}) = \frac{t-1}{t^2} = \frac{1}{t+1}(\frac{t^2-1}{t^2}) \le \frac{1}{t+1}$。

2　这里假设 T 是偶数。T 是奇数导致相同的常数。

化语言中，要求 $\mathbf{x}$ 不仅要最小化某个目标函数，而且要属于凸集 $\mathcal{K}$。

　　本节将描述和分析受约束的梯度下降。从算法上讲，与 2.2 节相比的变化很小：在更新完当前点的梯度方向后，仍需要投影回决策集。然而，该分析在一定程度上更为复杂，并对本书后面部分具有指导意义。

基础梯度下降——线性收敛

　　算法 2.3 描述了一个在约束集上进行梯度下降的模板。它是一个模板，因为步长 $\{\eta_t\}$ 的序列被保留为输入参数，并且算法的几种变体在选择上有所不同。

算法 2.3　基本梯度下降

1：输入：f, T, 初始点 $\mathbf{x}_1 \in \mathcal{K}$，步长序列 $\{\eta_t\}$

2：**for** $t=1$ 至 T **do**

3：　　令 $\mathbf{y}_{t+1} = \mathbf{x}_t - \eta_t \nabla f(\mathbf{x}_t)$, $\mathbf{x}_{t+1} = \Pi_{\mathcal{K}}(\mathbf{y}_{t+1})$

4：**end for**

5：**return** $\mathbf{x}_{T+1}$

　　与无约束设置相反，这里需要精确设置学习速率，以获得最优收敛速率，如定理 2.4 所示。

定理 2.4　对 γ 良态函数及 $\eta_t = \frac{1}{\beta}$ 的带约束最小化问题，算法 2.3 的收敛性满足

$$h_{t+1} \leq h_1 \cdot e^{-\frac{\gamma t}{4}}$$

证明　根据强凸性，对每一个 $\mathbf{x}, \mathbf{x}_t \in \mathcal{K}$（其中 $\nabla_t = \nabla f(\mathbf{x}_t)$ 同前面一致），有

$$\nabla_t^\top (\mathbf{x} - \mathbf{x}_t) \leq f(\mathbf{x}) - f(\mathbf{x}_t) - \frac{\alpha}{2}\|\mathbf{x} - \mathbf{x}_t\|^2 \tag{2.3}$$

接下来，由算法的定义并令 $\eta_t = \frac{1}{\beta}$，有

$$\mathbf{x}_{t+1} = \arg\min_{\mathbf{x} \in \mathcal{K}} \left\{ \nabla_t^\top (\mathbf{x} - \mathbf{x}_t) + \frac{\beta}{2}\|\mathbf{x} - \mathbf{x}_t\|^2 \right\} \tag{2.4}$$

为证明此结论，注意

$$\prod_{\mathcal{K}}(\mathbf{x}_t - \eta_t \nabla_t)$$

$$= \underset{\mathbf{x} \in \mathcal{K}}{\arg\min} \left\{ \|\mathbf{x} - (\mathbf{x}_t - \eta_t \nabla_t)\|^2 \right\} \qquad\qquad 投影的定义$$

$$= \underset{\mathbf{x} \in \mathcal{K}}{\arg\min} \left\{ \nabla_t^\top (\mathbf{x} - \mathbf{x}_t) + \frac{1}{2\eta_t} \|\mathbf{x} - \mathbf{x}_t\|^2 \right\} \qquad 见练习6$$

因此，有

$$h_{t+1} - h_t = f(\mathbf{x}_{t+1}) - f(\mathbf{x}_t)$$

$$\leq \nabla_t^\top (\mathbf{x}_{t+1} - \mathbf{x}_t) + \frac{\beta}{2} \|\mathbf{x}_{t+1} - \mathbf{x}_t\|^2 \qquad 光滑$$

$$\leq \min_{\mathbf{x} \in \mathcal{K}} \left\{ \nabla_t^\top (\mathbf{x} - \mathbf{x}_t) + \frac{\beta}{2} \|\mathbf{x} - \mathbf{x}_t\|^2 \right\} \qquad (2.4)$$

$$\leq \min_{\mathbf{x} \in \mathcal{K}} \left\{ f(\mathbf{x}) - f(\mathbf{x}_t) + \frac{\beta - \alpha}{2} \|\mathbf{x} - \mathbf{x}_t\|^2 \right\} \qquad (2.3)$$

如果在 $\mathcal{K}$ 的子集上取值，其最小值只会增大。因此，可以将注意力集中在 $\mathbf{x}_t$ 和 $\mathbf{x}^\star$ 的凸组合中的点上，将这些区间记为 $[\mathbf{x}_t, \mathbf{x}^\star] = \{(1 - \mu)\mathbf{x}_t + \mu\mathbf{x}^\star, \mu \in [0, 1]\}$，写作

$$h_{t+1} - h_t \leq \min_{\mathbf{x} \in [\mathbf{x}_t, \mathbf{x}^\star]} \left\{ f(\mathbf{x}) - f(\mathbf{x}_t) + \frac{\beta - \alpha}{2} \|\mathbf{x} - \mathbf{x}_t\|^2 \right\}$$

$$= f((1 - \mu)\mathbf{x}_t + \mu\mathbf{x}^\star) - f(\mathbf{x}_t) + \frac{\beta - \alpha}{2} \mu^2 \|\mathbf{x}^\star - \mathbf{x}_t\|^2$$

$$\leq (1 - \mu)f(\mathbf{x}_t) + \mu f(\mathbf{x}^\star) - f(\mathbf{x}_t) + \frac{\beta - \alpha}{2} \mu^2 \|\mathbf{x}^\star - \mathbf{x}_t\|^2 \quad 凸性$$

$$= -\mu h_t + \frac{\beta - \alpha}{2} \mu^2 \|\mathbf{x}^\star - \mathbf{x}_t\|^2$$

其中，等式是由 $\mathbf{x}$ 写作 $\mathbf{x} = (1 - \mu)\mathbf{x}_t + \mu\mathbf{x}^\star$ 得到的。根据强凸性，对任意 $\mathbf{x}_t$ 和极小值点 $\mathbf{x}^\star$，有：

$$h_t = f(\mathbf{x}_t) - f(\mathbf{x}^\star)$$

$$\geq \nabla f(\mathbf{x}^\star)^\top (\mathbf{x}_t - \mathbf{x}^\star) + \frac{\alpha}{2} \|\mathbf{x}^\star - \mathbf{x}_t\|^2 \qquad \alpha\ 强凸性$$

$$\geq \frac{\alpha}{2} \|\mathbf{x}^\star - \mathbf{x}_t\|^2 \qquad\qquad 最优定理2.2$$

因此，代入式 (2.5)，可得

$$h_{t+1} - h_t \leq (-\mu + \frac{\beta - \alpha}{\alpha}\mu^2)h_t$$
$$\leq -\frac{\alpha}{4(\beta - \alpha)}h_t \qquad \mu \text{ 的最优选择}$$

因此，

$$h_{t+1} \leq h_t(1 - \frac{\alpha}{4(\beta - \alpha)}) \leq h_t(1 - \frac{\alpha}{4\beta}) \leq h_t e^{-\gamma/4}$$

由归纳法得到定理结论。

2.4 非光滑和非强凸函数的归约

2.3 节讨论了 γ 良态函数，这似乎是对传统凸性的一个重要限制。事实上，许多有趣的凸函数既不是强凸的，也不是光滑的，正如我们所看到的，这些函数的梯度下降收敛速率有很大不同。前面已经从整体上介绍了无约束优化，本节将概述有界集上的无约束优化。

关于一阶方法的文献中有大量专门的分析，探讨了更一般函数的梯度下降收敛速率。本节采取不同的方法：不是从头开始分析梯度下降的变体，而是使用归约推导非强凸的光滑函数、非光滑的强凸函数或没有任何进一步限制的一般凸函数的近似最优收敛速率。

在获得次优收敛界 (通过对数因子) 的同时，这种方法的优点有两个：首先，归约方法非常简单，易于陈述和分析，其分析时间明显短于从头开始分析梯度下降；其次，归约方法是通用的，因此可以扩展到沿相同路线的加速梯度下降 (或任何其他一阶方法) 的分析。接下来讨论这些归约。

2.4.1 光滑且非强凸函数的归约

第一个归约将梯度下降算法应用于 β 光滑但不强凸的函数。

其思想是在函数 f 中添加可控量的强凸性，然后应用算法 2.3 优化新函数，如算法 2.4 所示。其中解因添加的强凸性而失真，但折中保证了有意义的收敛速率。

算法 2.4 梯度下降，β 光滑函数的归约

1：输入：f, T, $\mathbf{x}_1 \in \mathcal{K}$，参数 $\tilde{\alpha}$
2：令 $g(\mathbf{x}) = f(\mathbf{x}) + \frac{\tilde{\alpha}}{2}\|\mathbf{x} - \mathbf{x}_1\|^2$
3：应用算法 2.3 并取参数 $g, T, \{\eta_t = \frac{1}{\beta}\}, \mathbf{x}_1$，返回 $\mathbf{x}_T$

引理 2.3 对 β 光滑凸函数，带参数 $\tilde{\alpha} = \frac{\beta \log t}{D^2 t}$ 的算法 2.4 收敛性为

$$h_{t+1} = O\left(\frac{\beta \log t}{t}\right)$$

证明 函数 g 是 $\tilde{\alpha}$ 强凸的且 $(\beta + \tilde{\alpha})$ 光滑的 (见2.7节)。因此，它是 $\gamma = \frac{\tilde{\alpha}}{\tilde{\alpha}+\beta}$ 良态的。注意

$$
\begin{aligned}
h_t &= f(\mathbf{x}_t) - f(\mathbf{x}^\star) \\
&= g(\mathbf{x}_t) - g(\mathbf{x}^\star) + \frac{\tilde{\alpha}}{2}(\|\mathbf{x}^\star - \mathbf{x}_1\|^2 - \|\mathbf{x}_t - \mathbf{x}_1\|^2) \\
&\leq h_t^g + \tilde{\alpha}D^2 \qquad\qquad\qquad D\text{的定义参见 2.1 节}
\end{aligned}
$$

这里，记 $h_t^g = g(\mathbf{x}_t) - g(\mathbf{x}^\star)$。由于 $g(\mathbf{x})$ 是 $\frac{\tilde{\alpha}}{\tilde{\alpha}+\beta}$ 良态的，

$$
\begin{aligned}
h_{t+1} &\leq h_{t+1}^g + \tilde{\alpha}D^2 \\
&\leq h_1^g e^{-\frac{\tilde{\alpha}t}{4(\tilde{\alpha}+\beta)}} + \tilde{\alpha}D^2 \qquad\qquad \text{定理 2.4} \\
&= O(\frac{\beta \log t}{t}) \qquad\qquad\qquad \text{选择 } \tilde{\alpha} = \frac{\beta \log t}{D^2 t}
\end{aligned}
$$

其中，忽略了约束以及依赖 D 和 h_1^g 的项。

通过从头开始分析梯度下降，可以获得更强收敛速率 $O(\frac{\beta}{t})$，并且这些被认为是紧的。因此，由于本节开头所述的原因，归约是次优的，因子为 $O(\log T)$。

2.4.2 强凸非光滑函数的归约

将非光滑函数归约为 γ 良态函数在思想上与 2.4.1 节的函数相似。

然而，对于强凸函数，所得收敛速率降低了一个因子 $\log T$，在本节中，与凸优化中的标准分析相比，收敛速率降低了一个因子 d，即决策变量 $\mathbf{x}$ 的维数。对于更紧的界，可以参考 2.6 节。

将梯度下降算法 2.1 应用于目标函数的光滑变体。与之前的归约相比，光滑不能通过简单地添加光滑 (或任何其他) 函数获得。相反，需要一个光滑操作，本书描述的示例特别简单，相当于对函数进行局部积分。Moreau-Yoshida 正则化是一类更复杂但不太通用的光滑算子。更多详细信息参见 2.6 节。

算法 2.5　梯度下降，非光滑函数的归约

1：输入：$f, \mathbf{x}_1, T, \delta$

2：令 $\hat{f}_\delta(\mathbf{x}) = \mathbf{E}_{\mathbf{v} \sim \mathbb{B}}\left[f(\mathbf{x} + \delta \mathbf{v})\right]$

3：在 $\hat{f}_\delta$ 上运用算法 2.3，并取参数 $\mathbf{x}_1, T, \{\eta_t = \delta\}$，返回 $\mathbf{x}_T$

令 f 是 G-Lipschitz 连续且 α 强凸的。对任意 $\delta > 0$ 定义，有

$$S_\delta[f] : \mathbb{R}^d \mapsto \mathbb{R} \ , \ \ S_\delta[f](\mathbf{x}) = \mathop{\mathbf{E}}_{\mathbf{v} \sim \mathbb{B}}\left[f(\mathbf{x} + \delta \mathbf{v})\right]$$

其中 $\mathbb{B} = \{\mathbf{x} \in \mathbb{R}^d : \|\mathbf{x}\| \leq 1\}$ 为 Euclidean 空间的球，$\mathbf{v} \sim \mathbb{B}$ 表示在 $\mathbb{B}$ 上均匀分布取得的随机变量。当函数 f 的语境明确时，使用更简单的符号 $\hat{f}_\delta = S_\delta[f]$。

下面将证明函数 $\hat{f}_\delta = S_\delta[f]$ 是 $f : \mathbb{R}^d \mapsto \mathbb{R}$ 的光滑近似，即它既光滑又在值上接近 f，如引理 2.4 所示。

引理 2.4　$\hat{f}_\delta$ 具有以下性质：

(1) 如果 f 是 α 强凸的，则 $\hat{f}_\delta$ 也是 α 强凸的

(2) $\hat{f}_\delta$ 后是 $\frac{dG}{\delta}$ 光滑的

(3) 对所有 $\mathbf{x} \in \mathcal{K}$，有 $|\hat{f}_\delta(\mathbf{x}) - f(\mathbf{x})| \leq \delta G$

在证明引理 2.4 之前，首先完成归约过程。根据引理 2.4 和对 γ 良态函数的收敛界，可得以下近似界 (见引理 2.5)。

引理 2.5　对于 $\delta = \frac{dG}{\alpha}\frac{\log t}{t}$，算法 2.5 收敛性满足

$$h_t = O\left(\frac{G^2 d \log t}{\alpha t}\right)$$

在证明引理 2.5 之前，注意梯度下降方法应用于光滑函数 $\hat{f}_\delta$ 的梯度，而不是原始目标 f 的梯度。这里忽略了计算这种梯度的计算成本，只考虑 f 的梯度，这可能很重要。估计这些梯度的技术将在第 6 章进一步探讨。

证明　根据引理 2.4，对于 $\gamma = \frac{\alpha\delta}{dG}$，函数 $\hat{f}_\delta$ 是 γ 良态的。

$$
\begin{aligned}
h_{t+1} &= f(\mathbf{x}_{t+1}) - f(\mathbf{x}^\star) \\
&\leq \hat{f}_\delta(\mathbf{x}_{t+1}) - \hat{f}_\delta(\mathbf{x}^\star) + 2\delta G && \text{引理 2.4} \\
&\leq h_1 e^{-\frac{\gamma t}{4}} + 2\delta G && \text{定理 2.4} \\
&= h_1 e^{-\frac{\alpha t \delta}{4dG}} + 2\delta G && \text{由引理 2.4 得 } \gamma = \frac{\alpha\delta}{dG} \\
&= O\left(\frac{dG^2 \log t}{\alpha t}\right) && \delta = \frac{dG}{\alpha}\frac{\log t}{t}
\end{aligned}
$$

下面证明 $\hat{f}_\delta$ 事实上就是对原函数的一个好的近似。

引理 2.4 的证明　首先，由于 $\hat{f}_\delta$ 为 α 强凸函数的平均值，因此它也是 α 强凸的。为证明其光滑性，将使用微积分中的 Stokes 定理：对于所有 $\mathbf{x} \in \mathbb{R}^d$ 和任一在 Euclidean 球 $\mathbb{S} = \{\mathbf{y} \in \mathbb{R}^d : \|\mathbf{y}\| = 1\}$ 上均匀分布的随机向量 $\mathbf{v}$，有

$$
\mathop{\mathbf{E}}_{\mathbf{v} \sim \mathbb{S}}[f(\mathbf{x} + \delta\mathbf{v})\mathbf{v}] = \frac{\delta}{d}\nabla\hat{f}_\delta(\mathbf{x}) \tag{2.5}
$$

回顾一下，当且仅当对所有 $\mathbf{x}, \mathbf{y} \in \mathcal{K}$，满足 $\|\nabla f(\mathbf{x}) - \nabla f(\mathbf{y})\| \leq \beta\|\mathbf{x} - \mathbf{y}\|$ 时，函数 f 是 β 光滑的。现有

$$
\begin{aligned}
&\|\nabla\hat{f}_\delta(\mathbf{x}) - \nabla\hat{f}_\delta(\mathbf{y})\| \\
&= \frac{d}{\delta}\|\mathop{\mathbf{E}}_{\mathbf{v}\sim\mathbb{S}}[f(\mathbf{x}+\delta\mathbf{v})\mathbf{v}] - \mathop{\mathbf{E}}_{\mathbf{v}\sim\mathbb{S}}[f(\mathbf{y}+\delta\mathbf{v})\mathbf{v}]\| && \text{由(2.5)导出} \\
&= \frac{d}{\delta}\|\mathop{\mathbf{E}}_{\mathbf{v}\sim\mathbb{S}}[f(\mathbf{x}+\delta\mathbf{v})\mathbf{v} - f(\mathbf{y}+\delta\mathbf{v})\mathbf{v}]\| && \text{期望的线性性} \\
&\leq \frac{d}{\delta}\mathop{\mathbf{E}}_{\mathbf{v}\sim\mathbb{S}}\|f(\mathbf{x}+\delta\mathbf{v})\mathbf{v} - f(\mathbf{y}+\delta\mathbf{v})\mathbf{v}\| && \text{Jensen 不等式} \\
&\leq \frac{dG}{\delta}\|\mathbf{x}-\mathbf{y}\|\mathop{\mathbf{E}}_{\mathbf{v}\sim\mathbb{S}}[\|\mathbf{v}\|] && \text{Lipschitz 连续性} \\
&= \frac{dG}{\delta}\|\mathbf{x}-\mathbf{y}\| && \mathbf{v}\in\mathbb{S}
\end{aligned}
$$

这便证明了引理 2.4 的第二个性质。下面接着证明第三个性质，即 $\hat{f}_\delta$ 是 f 的一个好的近似。

$$
\begin{aligned}
&|\hat{f}_\delta(\mathbf{x}) - f(\mathbf{x})| \\
&= \left| \mathop{\mathbf{E}}_{\mathbf{v}\sim\mathbb{B}}[f(\mathbf{x}+\delta\mathbf{v})] - f(\mathbf{x}) \right| && \hat{f}_\delta \text{ 的定义} \\
&\leq \mathop{\mathbf{E}}_{\mathbf{v}\sim\mathbb{B}}[|f(\mathbf{x}+\delta\mathbf{v}) - f(\mathbf{x})|] && \text{Jensen 不等式} \\
&\leq \mathop{\mathbf{E}}_{\mathbf{v}\sim\mathbb{B}}[G\|\delta\mathbf{v}\|] && f \text{ 是 } G\text{-Lipschitz 连续的} \\
&\leq G\delta && \mathbf{v}\in\mathbb{B}
\end{aligned}
$$

我们注意到，α 强凸函数的梯度下降变体，即使在归约时没有使用光滑方法，也可以快速收敛，并且不依赖于维数。在定理 2.5 中不加证明地给出了已知的算法和结果 (见 2.6 节)。

定理 2.5 令 f 为 α 强凸的，并令 $\mathbf{x}_1,...,\mathbf{x}_t$ 为 $\eta_t = \frac{2}{\alpha(t+1)}$ 时将算法 2.3 应用于 f 得到的迭代序列。则

$$
f\left(\frac{1}{t}\sum_{s=1}^{t}\frac{2s}{t+1}\mathbf{x}_s\right) - f(\mathbf{x}^\star) \leq \frac{2G^2}{\alpha(t+1)}
$$

2.4.3 一般凸函数的归约

可以同时应用这两种减少归约以获得 $\tilde{O}(\frac{d}{\sqrt{t}})$ 的收敛速率。虽然在迭代次数方面接近最优，但这个界的弱点在于它对维度的依赖性。第 3 章将展示对于一个更通用的 OCO 算法，直接得到 $O(\frac{1}{\sqrt{t}})$ 的收敛速率。

2.5 示例：支持向量机训练

为了说明前几节简单梯度下降算法的有效性，现在描述一个在机器学习中备受关注的优化问题，该问题可以使用刚刚分析的方法有效解决。

一个非常基本和成功的学习范式是线性分类模型。在该模型中，展

示了一个概念的正样本和负样本。每个例子写作 $\mathbf{a}_i$，在 Euclidean 空间中用 d 维特征向量表示。例如，垃圾邮件分类问题中电子邮件的常见表示是 Euclidean 空间中的二进制向量，其中空间的维数是语言中的单词数。第 i 封电子邮件是向量 $\mathbf{a}_i$，其条目被指定为与电子邮件中出现的单词相对应的坐标，否则为零 [1]。此外，每个例子都有一个标签 $b_i \in \{-1, +1\}$，对应于电子邮件是否被标记为垃圾邮件。目标是找到一个分离两类向量的超平面：带有正标签的向量和带有负标签的向量。如果不存在这样一个根据标签完全分离训练集的超平面，那么目标是找到一个以最小错误数实现训练集分离的超平面。

从数学上讲，给定一组 n 个样本用于训练，寻求 $\mathbf{x} \in \mathbb{R}^d$，以最大限度地减少错误分类样本的数量，即

$$\min_{\mathbf{x} \in \mathbb{R}^d} \sum_{i \in [n]} \delta(\text{sign}(\mathbf{x}^\top \mathbf{a}_i) \neq b_i) \tag{2.6}$$

其中，$\text{sign}(x) \in \{-1, +1\}$ 是符号函数，$\delta(z) \in \{0, 1\}$ 是指示函数。如果满足条件 z，则取值 1，否则则为 0。

这个优化问题是线性分类公式的核心，是 NP 困难 (NP-hard) 的，事实上，即便是近似非平凡问题也是 NP 困难的 [2]。然而，在存在对所有样本进行正确分类的线性分类器 (超平面 $\mathbf{x}$) 的特殊情况下，这个问题可以通过线性规划在多项式时间内求解。

当不存在完美的线性分类器时，已经提出了各种松弛来解决更一般的情况。实践中最成功的方法之一是支持向量机 (Support Vector Machine，SVM) 公式。

软边界 SVM 松弛使用一个凸函数来代替式 (2.6) 中的 0/1 损失，称作 hinge 损失，定义为

$$\ell_{\mathbf{a}, b}(\mathbf{x}) = \text{hinge}(b \cdot \mathbf{x}^\top \mathbf{a}) = \max\{0, 1 - b \cdot \mathbf{x}^\top \mathbf{a}\}$$

图 2.4 展示了 hinge 损失如何是非凸 0/1 损失的一个凸松弛的。

1　这种表示一开始可能看起来很幼稚，因为它完全忽略了单词的出现顺序及其上下文。自然语言处理文献中确实研究了捕捉这些特征的扩展方法。

2　参阅 2.6 节以获得这些结果。

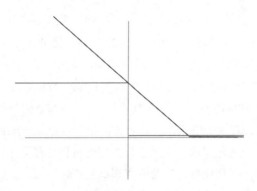

图 2.4　hinge 损失函数与 0/1 损失函数

此外，SVM 公式在损失最小化目标中添加了一项，该项将元素的大小正则化为 $\mathbf{x}$。该附加项的原因和含义将在后面说明。现在，考虑 SVM 凸规划：

$$\min_{\mathbf{x}\in\mathbb{R}^d}\left\{\lambda\frac{1}{n}\sum_{i\in[n]}\ell_{\mathbf{a}_i,b_i}(\mathbf{x})+\frac{1}{2}\|\mathbf{x}\|^2\right\} \tag{2.7}$$

这是一个无约束的非光滑强凸规划问题，由定理 2.3 和 2.5 可知，$O(\frac{1}{\varepsilon})$ 次迭代足以获得 ε 近似解。算法 2.6 详细说明了将次梯度下降算法应用于该公式的细节。

算法 2.6　使用次梯度下降的 SVM 训练

1：输入：n 个样本的训练集 $\{(\mathbf{a}_i,b_i)\}$，T，学习速率 $\{\eta_t\}$，初始化 $\mathbf{x}_1=0$

2：**for** $t=1$ 至 T **do**

3：　　令 $\nabla_t=\lambda\frac{1}{n}\sum_{i=1}^n\nabla\ell_{\mathbf{a}_i,b_i}(\mathbf{x}_t)+\mathbf{x}_t$，其中

$$\nabla\ell_{\mathbf{a}_i,b_i}(\mathbf{x})=\begin{cases}0,&b_i\mathbf{x}^\top\mathbf{a}_i>1\\[2mm]-b_i\mathbf{a}_i,&\text{其他}\end{cases}$$

4：　　$\mathbf{x}_{t+1}=\mathbf{x}_t-\eta_t\nabla_t$，对于 $\eta_t=\frac{2}{t+1}$

5：**end for**

6：**return** $\bar{\mathbf{x}}_T=\frac{1}{T}\sum_{t=1}^T\frac{2t}{T+1}\mathbf{x}_t$

注意，学习速率未指定，即使可以明确地根据定理 2.5 或使用 Polyak 速率设置。Polyak 速率需要知道最优值下的函数值，尽管这一条件可以放宽 (见2.6节)。

对 SVM 使用梯度下降的一个警告是需要计算完整的梯度，这可能需要对每次迭代的数据进行完整的遍历。第 3 章将介绍一个明显更高效的算法！

2.6　文献评述

读者可以参考关于凸优化的专门书籍，以更深入地了解本章涉及的主题。关于凸分析的背景，请参阅 Borwein and Lewis(2006) 以及 Rockafellar(1997) 的论述。经典教科书 Boyd and Vandenberghe(2004) 对凸优化进行了广泛的介绍，并有许多应用。Boyd(2014) 对有关一阶方法的详细严格收敛性进行了证明和深入分析。请参阅课堂讲稿 Nesterov(2004) 和书籍 Nemirovski and Yudin(1983)，Nemirovskii(2004)，以及更新的课堂讲义和文本 (Bubeck, 2015；Hazan, 2019)。定理 2.5 取自 Bubeck(2015) 中的定理 3.9。

可以通过更仔细的归约和分析来去除 2.4 节关于归约的对数开销，有关详细信息，参阅 Allen-Zhu and Hazan(2016)。一个更复杂的光滑算子是 Moreau-Yoshida 正则化：它避免了维度因子的损失。然而，使用它 (Parikh and Boyd, 2014) 有时计算效率较低。

Polyak 学习速率详见 Polyak(1987)。最近的一项阐述允许在不知道最优函数值的情况下获得相同的最优速率 (Hazan and Kakade, 2019)。

在人工智能的早期，就考虑使用线性分离器和半空间来学习和分离数据 (Rosenblatt, 1958；Minsky and Papert, 1969)。值得注意的是，感知器算法是最早的学习算法之一，与梯度下降密切相关。SVM 是在 (Cortes and Vapnik, 1995；Boser et al., 1992) 中引入的，另请参阅书 Schölkopf and Smola(2002)。

利用 0/1 损失学习半空间在计算方面很困难，甚至很难用非平凡

的方法近似 (Daniely, 2016)。由于 NP 复杂性类的新特征 (Arora and Barak, 2009)，证明一个问题很难近似是计算复杂性的前沿。

2.7 练习

1. 证明可微函数 $f(x): \mathbb{R} \to \mathbb{R}$ 是凸函数，当且仅当对于任意 $x, y \in \mathbb{R}$，有 $f(x) - f(y) \leq (x - y)f'(x)$。

2. 如前所述，若一个函数 $f: \mathbb{R}^n \to \mathbb{R}$ 在 $K \subseteq \mathbb{R}^d$ 上的条件数 $\gamma = \alpha/\beta$，则对所有 $\mathbf{x}, \mathbf{y} \in \mathcal{K}$，下列两个不等式成立：

(a) $f(\mathbf{y}) \geq f(\mathbf{x}) + (\mathbf{y} - \mathbf{x})^\top \nabla f(\mathbf{x}) + \frac{\alpha}{2}\|\mathbf{x} - \mathbf{y}\|^2$

(b) $f(\mathbf{y}) \leq f(\mathbf{x}) + (\mathbf{y} - \mathbf{x})^\top \nabla f(\mathbf{x}) + \frac{\beta}{2}\|\mathbf{x} - \mathbf{y}\|^2$

证明，如果 f 是二阶可微的，且对任何 $\mathbf{x} \in \mathcal{K}$，都有 $\beta \mathbf{I} \succeq \nabla^2 f(\mathbf{x}) \succeq \alpha \mathbf{I}$，则 f 在 $\mathcal{K}$ 上的条件数为 α/β。

3. 证明：

(a) 凸函数的和仍为凸函数。

(b) 令 f 为 α_1 强凸的，g 为 α_2 强凸的，则 $f + g$ 是 $(\alpha_1 + \alpha_2)$ 强凸的。

(c) 令 f 为 β_1 光滑的，g 为 β_2 光滑的，则 $f + g$ 是 $(\beta_1 + \beta_2)$ 光滑的。

4. 令 $\mathcal{K} \subseteq \mathbb{R}^d$ 为有界且封闭的。证明，对所有 $\mathbf{x} \in \mathbb{R}^d$ 来说，$\mathcal{K}$ 为凸集是 $\Pi_K(\mathbf{x})$ 是单例集 (即 $|\Pi_K(\mathbf{x})| = 1$) 的充要条件。为了证明这是一个必要条件，提供一个反例就足够了。

5. 考虑 n 维单纯形

$$\Delta_n = \{\mathbf{x} \in \mathbb{R}^n \mid \sum_{i=1}^{n} \mathbf{x}_i = 1, \mathbf{x}_i \geq 0, \forall i \in [n]\}$$

给出一个计算点 $\mathbf{x} \in \mathbb{R}^n$ 在集合 Δ_n 上投影的算法 (存在近似线性时间算法)。

6. 证明下面的等式：

$$\arg\min_{\mathbf{x}\in\mathcal{K}} \left\{ \nabla_t^\top (\mathbf{x} - \mathbf{x}_t) + \frac{1}{2\eta_t} \|\mathbf{x} - \mathbf{x}_t\|^2 \right\}$$

$$= \arg\min_{\mathbf{x}\in\mathcal{K}} \left\{ \|\mathbf{x} - (\mathbf{x}_t - \eta_t \nabla_t)\|^2 \right\}$$

7. 令 $f(\mathbf{x}) : \mathbb{R}^n \to \mathbb{R}$ 为凸可微函数，$\mathcal{K} \subseteq \mathbb{R}^n$ 为凸集。证明 $\mathbf{x}^\star \in \mathcal{K}$ 为 f 在 $\mathcal{K}$ 上的一个极小值点，当且仅当对于任意 $\mathbf{y} \in \mathcal{K}$，都有 $(\mathbf{y} - \mathbf{x}^\star)^\top \nabla f(\mathbf{x}^\star) \geq 0$。

8. * 扩展 Nesterov 加速梯度下降算法：

假设黑盒方式接入 Nesterov 算法，则对 γ 良态函数算法的收敛速率为 $e^{-\sqrt{\gamma}\,T}$，如表 2.1 所示。使用归约法，在最多相差对数因子意义下，β 光滑函数可获得的收敛速率为 $\frac{\beta}{T^2}$。

第 3 章
在线凸优化一阶算法

本章描述和分析在线凸优化 (OCO) 最简单和最基本的算法 (回顾第 1 章中介绍的模型定义), 这些算法在实践中也非常有用和有效。本章使用 2.1 节中引入的相同符号。然而，与第 2 章相比，本章中引入的算法的目标是最大限度地减少遗憾，而不是减少优化误差 (在在线设置中定义是病态的)。

回顾 OCO 设置中遗憾的定义，如式 (1.1) 所示，当语境清晰时，省略函数类的下标、上标和上确界。

$$\text{Regret}_T = \sum_{t=1}^{T} f_t(\mathbf{x}_t) - \min_{\mathbf{x} \in \mathcal{K}} \sum_{t=1}^{T} f_t(\mathbf{x})$$

表 3.1 详细说明了不同类型凸函数的遗憾的已知上界和下界，它们取决于预测迭代次数。

为了比较遗憾与优化误差，考虑平均遗憾或 Regret/T 非常有用。设 $\bar{\mathbf{x}}_T = \frac{1}{T}\sum_{t=1}^{T} \mathbf{x}_t$ 为平均决策。如果函数 f_t 的值等于一个函数 $f : \mathcal{K} \mapsto \mathbb{R}$，则 Jensen 不等式意味着 $f(\bar{\mathbf{x}}_T)$ 以最多为平均遗憾的速率收敛到 $f(\mathbf{x}^\star)$，因为 $f(\bar{\mathbf{x}}_T)$ 收敛至 $f(\mathbf{x}^\star)$ 的速率最多为平均遗憾。

表 3.1 损失函数类可达到的渐近遗憾界

	α 强凸	β 光滑	δ 指数凹
上界	$\frac{1}{\alpha}\log T$	$\sqrt{T}$	$\frac{n}{\delta}\log T$
下界	$\frac{1}{\alpha}\log T$	$\sqrt{T}$	$\frac{n}{\delta}\log T$
平均遗憾	$\frac{\log T}{\alpha T}$	$\frac{1}{\sqrt{T}}$	$\frac{n\log T}{\delta T}$

读者可以将一阶方法的离线收敛性与表 2.1 进行比较：与离线优化相比，光滑性不会提高渐进遗憾率。然而，指数凹性是一种比强凸性弱的性质，它发挥了作用，并改进了遗憾率。

本章将介绍实现 OCO 上述已知结果的算法和下界。指数凹性的性质及其应用，以及指数凹函数的对数遗憾算法将在第 4 章介绍。

3.1 在线梯度下降

也许适用于 OCO 最一般设置的最简单算法是在线梯度下降 (Online Gradient Descent，OGD)。该算法基于离线优化的标准梯度下降，Zinkevich(2003) 引入了该算法的在线形式。(见 3.5 节)。

该算法的伪代码在算法 3.1 中给出，概念图在图 3.1 中给出。

算法 3.1 在线梯度下降

1：输入：凸集 $\mathcal{K}$，T，$\mathbf{x}_1 \in \mathcal{K}$，步长 $\{\eta_t\}$

2：**for** $t=1$ 至 T **do**

3：　　执行 $\mathbf{x}_t$ 并观察代价 $f_t(\mathbf{x}_t)$

4：　　更新及投影：

$$\mathbf{y}_{t+1} = \mathbf{x}_t - \eta_t \nabla f_t(\mathbf{x}_t)$$

$$\mathbf{x}_{t+1} = \prod_{\mathcal{K}}(\mathbf{y}_{t+1})$$

5：**end for**

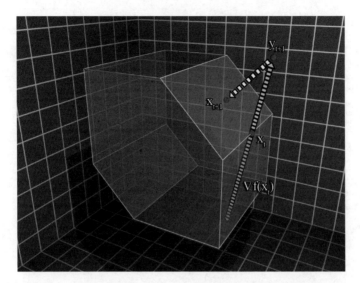

图 3.1　在线梯度下降: 迭代点 $\mathbf{x}_{t+1}$ 是由迭代点 $\mathbf{x}_t$ 沿当前的
梯度方向运动 ∇_t, 然后投影回 $\mathcal{K}$ 中得到的

在每次迭代中, 算法从先前的点沿着先前成本的梯度方向迈出一步。这个步骤可能会导致一个点在下面的凸集之外。在这种情况下, 算法将点投影回凸集, 即在凸集中找到其最近的点。尽管下一个代价函数可能与迄今为止观察到的代价完全不同, 但该算法所获得的遗憾是次线性的。这在定理 3.1 中形式化了 (回顾 2.1 节中 G 和 D 的定义)。

定理 3.1　以步长大小为 $\{\eta_t = \frac{D}{G\sqrt{t}},\ t \in [T]\}$ 的在线梯度下降算法保证对所有 $T \geq 1$, 有

$$\text{Regret}_T = \sum_{t=1}^{T} f_t(\mathbf{x}_t) - \min_{\mathbf{x}^\star \in \mathcal{K}} \sum_{t=1}^{T} f_t(\mathbf{x}^\star) \leq \frac{3}{2}GD\sqrt{T}$$

证明　令 $\mathbf{x}^\star \in \arg\min_{\mathbf{x} \in \mathcal{K}} \sum_{t=1}^{T} f_t(\mathbf{x})$。定义 $\nabla_t \overset{\text{def}}{=} \nabla f_t(\mathbf{x}_t)$。由凸性可得

$$f_t(\mathbf{x}_t) - f_t(\mathbf{x}^\star) \leq \nabla_t^\top (\mathbf{x}_t - \mathbf{x}^\star) \tag{3.1}$$

首先利用 $\mathbf{x}_{t+1}$ 的更新规则和定理 2.1(勾股定理) 给出 $\nabla_t^\top(\mathbf{x}_t - \mathbf{x}^\star)$ 的上界:

$$\|\mathbf{x}_{t+1} - \mathbf{x}^\star\|^2 = \left\| \prod_{\mathcal{K}}(\mathbf{x}_t - \eta_t \nabla_t) - \mathbf{x}^\star \right\|^2 \leq \|\mathbf{x}_t - \eta_t \nabla_t - \mathbf{x}^\star\|^2 \tag{3.2}$$

于是，

$$\|\mathbf{x}_{t+1} - \mathbf{x}^\star\|^2 \leq \|\mathbf{x}_t - \mathbf{x}^\star\|^2 + \eta_t^2\|\nabla_t\|^2 - 2\eta_t\nabla_t^\top(\mathbf{x}_t - \mathbf{x}^\star)$$

$$2\nabla_t^\top(\mathbf{x}_t - \mathbf{x}^\star) \leq \frac{\|\mathbf{x}_t - \mathbf{x}^\star\|^2 - \|\mathbf{x}_{t+1} - \mathbf{x}^\star\|^2}{\eta_t} + \eta_t G^2 \qquad (3.3)$$

从 $t=1$ 至 T 求式 (3.1) 和式 (3.3)，并令 $\eta_t = \frac{D}{G\sqrt{t}}$（$\frac{1}{\eta_0} \overset{\text{def}}{=} 0$），得到

$$2\left(\sum_{t=1}^{T} f_t(\mathbf{x}_t) - f_t(\mathbf{x}^\star)\right)$$

$$\leq 2\sum_{t=1}^{T} \nabla_t^\top(\mathbf{x}_t - \mathbf{x}^\star)$$

$$\leq \sum_{t=1}^{T} \frac{\|\mathbf{x}_t - \mathbf{x}^\star\|^2 - \|\mathbf{x}_{t+1} - \mathbf{x}^\star\|^2}{\eta_t} + G^2\sum_{t=1}^{T}\eta_t$$

$$\leq \sum_{t=1}^{T} \|\mathbf{x}_t - \mathbf{x}^\star\|^2\left(\frac{1}{\eta_t} - \frac{1}{\eta_{t-1}}\right) + G^2\sum_{t=1}^{T}\eta_t \qquad \frac{1}{\eta_0} \overset{\text{def}}{=} 0,$$

$$\|\mathbf{x}_{T+1} - \mathbf{x}^*\|^2 \geq 0$$

$$\leq D^2\sum_{t=1}^{T}\left(\frac{1}{\eta_t} - \frac{1}{\eta_{t-1}}\right) + G^2\sum_{t=1}^{T}\eta_t$$

$$\leq D^2\frac{1}{\eta_T} + G^2\sum_{t=1}^{T}\eta_t \qquad \text{裂项级数}$$

$$\leq 3DG\sqrt{T}$$

因为 $\eta_t = \frac{D}{G\sqrt{t}}$ 和 $\sum_{t=1}^{T}\frac{1}{\sqrt{t}} \leq 2\sqrt{T}$，所以可以得到最后一个不等式。

在线梯度下降算法易于实现，并且在给定梯度的情况下，更新需要线性时间。然而，有一个投影步骤可能需要更长的时间，如 2.1.1 节和第 7 章所述。

3.2 下界

3.1 节介绍并分析了一种非常简单自然的 OCO 方法。在继续冒险之前，值得考虑的是之前的界限是否可以改进。通过遗憾和计算效率来

衡量 OCO 算法的性能。因此，会问自己：是否存在更简单的算法来获得更紧的遗憾界？

除了每次迭代在线性时间内运行的投影步骤外，在线梯度下降算法的计算效率似乎几乎没有改进的余地。如何获得更好的遗憾值？

也许令人惊讶的是，答案是否定的：在最坏的情况下，紧的遗憾界相差一个小的常数因子！这由定理 3.2 形式化给出。

定理 3.2　任何 OCO 算法在最坏的情况下都会产生 $\Omega(DG\sqrt{T})$ 遗憾。即使代价函数是从固定的平稳分布中生成的，也是如此。

这里给出简要证明；具体证明留作本章最后的练习。

考虑一个 OCO 实例，其中凸集 $\mathcal{K}$ 是 n 维超立方体，即

$$\mathcal{K} = \{\mathbf{x} \in \mathbb{R}^n \,,\, \|\mathbf{x}\|_\infty \leq 1\}$$

共有 2^n 个线性代价函数，每个函数对应一个顶点 $\mathbf{v} \in \{\pm 1\}^n$，定义为

$$\forall \mathbf{v} \in \{\pm 1\}^n \,,\, f_\mathbf{v}(\mathbf{x}) = \mathbf{v}^\top \mathbf{x}$$

注意 $\mathcal{K}$ 的直径和代价函数梯度范数的界，记作 G，满足

$$D \leq \sqrt{\sum_{i=1}^n 2^2} = 2\sqrt{n}, \; G \leq \sqrt{\sum_{i=1}^n (\pm 1)^2} = \sqrt{n}$$

每次迭代中的代价函数是以均匀概率从集合 $\{f_\mathbf{v}, \mathbf{v} \in \{\pm 1\}^n\}$ 中随机选择的。用 $\mathbf{v}_t \in \{\pm 1\}^n$ 表示迭代 t 中选择的顶点，并记 $f_t = f_{\mathbf{v}_t}$。由于均匀性和独立性，对于在线选择的任何 t 和 $\mathbf{x}_t$，$\mathbf{E}_{\mathbf{v}_t}[f_t(\mathbf{x}_t)] = \mathbf{E}_{\mathbf{v}_t}[\mathbf{v}_t^\top \mathbf{x}_t] = 0$。然而，

$$\begin{aligned}
\mathbf{E}_{\mathbf{v}_1,\ldots,\mathbf{v}_T}\left[\min_{\mathbf{x}\in\mathcal{K}}\sum_{t=1}^T f_t(\mathbf{x})\right] &= \mathbf{E}\left[\min_{\mathbf{x}\in\mathcal{K}}\sum_{i\in[n]}\sum_{t=1}^T \mathbf{v}_t(i)\cdot\mathbf{x}_i\right] \\
&= n\,\mathbf{E}\left[-\left|\sum_{t=1}^T \mathbf{v}_t(1)\right|\right] \quad\quad \text{独立同分布坐标} \\
&= -\Omega(n\sqrt{T})
\end{aligned}$$

最后一个等式留作练习。

上述事实几乎完成了定理 3.2 的证明；请参阅 3.6 节。

3.3 对数遗憾

到此为止，读者可能会奇怪：引入了一个看似复杂且明显通用的学习和预测框架，以及一个适用于最一般情况的线性时间算法，该算法有紧的遗憾界，并通过初步证明做到了这一点！这就是 OCO 所能提供的吗？

这个问题的答案可以分为以下两个方面。

- 简单就是好：OCO 背后的哲学将简单视为一种优点。近年来，OCO 在在线学习中占据一席之地的主要原因是其算法及其分析的简单性，这允许在其宿主应用程序中存在许多变形和调整。
- 一类非常广泛的设置，将是 3.3.1 节的主题，存在遗憾和计算复杂性方面更有效的算法。

第 2 章考察了收敛速率根据待优化函数的凸性产生较大变化的优化算法。在不同类型的凸代价函数上，OCO 中的遗憾界与离线凸优化中收敛界的变化一样吗？

事实上，接下来证明：对于重要的损失函数类，显著改进遗憾界是可能的。

强凸函数的在线梯度下降

第一种在迭代次数上实现对数遗憾的算法是在线梯度下降算法的一种改进形式，只改变步长。如果代价函数是强凸的，定理 3.3 建立了遗憾的对数界。

定理 3.3 对于 α 强凸损失函数，步长大小为 $\eta_t = \frac{1}{\alpha t}$ 的在线梯度下降算法对所有 $T \geq 1$ 均保证有

$$\mathrm{Regret}_T \leq \frac{G^2}{2\alpha}(1 + \log T)$$

证明　令 $\mathbf{x}^{\star} \in \arg\min_{\mathbf{x} \in \mathcal{K}} \sum_{t=1}^{T} f_t(\mathbf{x})$。回顾遗憾的定义

$$\text{Regret}_T = \sum_{t=1}^{T} f_t(\mathbf{x}_t) - \sum_{t=1}^{T} f_t(\mathbf{x}^{\star})$$

定义 $\nabla_t \overset{\text{def}}{=} \nabla f_t(\mathbf{x}_t)$。将 α 强凸的定义应用于点对 $\{\mathbf{x}_t, \mathbf{x}^*\}$，有

$$2(f_t(\mathbf{x}_t) - f_t(\mathbf{x}^{\star})) \le 2\nabla_t^{\top}(\mathbf{x}_t - \mathbf{x}^{\star}) - \alpha\|\mathbf{x}^{\star} - \mathbf{x}_t\|^2 \tag{3.4}$$

这里求 $\nabla_t^{\top}(\mathbf{x}_t - \mathbf{x}^{\star})$ 的上界。利用 $\mathbf{x}_{t+1}$ 的更新规划和定理 2.1，可得

$$\|\mathbf{x}_{t+1} - \mathbf{x}^{\star}\|^2 = \|\prod_{\mathcal{K}}(\mathbf{x}_t - \eta_t\nabla_t) - \mathbf{x}^{\star}\|^2 \le \|\mathbf{x}_t - \eta_t\nabla_t - \mathbf{x}^{\star}\|^2$$

于是，

$$\|\mathbf{x}_{t+1} - \mathbf{x}^{\star}\|^2 \le \|\mathbf{x}_t - \mathbf{x}^{\star}\|^2 + \eta_t^2\|\nabla_t\|^2 - 2\eta_t\nabla_t^{\top}(\mathbf{x}_t - \mathbf{x}^{\star})$$

且

$$2\nabla_t^{\top}(\mathbf{x}_t - \mathbf{x}^{\star}) \le \frac{\|\mathbf{x}_t - \mathbf{x}^{\star}\|^2 - \|\mathbf{x}_{t+1} - \mathbf{x}^{\star}\|^2}{\eta_t} + \eta_t G^2 \tag{3.5}$$

对式 (3.5) 从 $t=1$ 至 T 求和，并令 $\eta_t = \frac{1}{\alpha t}$（定义 $\frac{1}{\eta_0} \overset{\text{def}}{=} 0$），结合式 (3.4)，有

$$2\sum_{t=1}^{T}(f_t(\mathbf{x}_t) - f_t(\mathbf{x}^{\star}))$$

$$\le \sum_{t=1}^{T}\|\mathbf{x}_t - \mathbf{x}^{\star}\|^2\left(\frac{1}{\eta_t} - \frac{1}{\eta_{t-1}} - \alpha\right) + G^2\sum_{t=1}^{T}\eta_t$$

$$\text{由于 } \frac{1}{\eta_0} \overset{\text{def}}{=} 0, \|\mathbf{x}_{T+1} - \mathbf{x}^*\|^2 \ge 0$$

$$= 0 + G^2\sum_{t=1}^{T}\frac{1}{\alpha t}$$

$$\le \frac{G^2}{\alpha}(1 + \log T)$$

3.4 应用：随机梯度下降

OCO 的一个特例是经过充分研究的随机优化设置。在随机优化中，优化器试图最小化凸域上的凸函数，如数学规划所给出的：

$$\min_{\mathbf{x} \in \mathcal{K}} f(\mathbf{x})$$

然而，与标准的离线优化不同的是，优化器可以访问有噪声的梯度 Oracle，定义为

$$\mathcal{O}(\mathbf{x}) \stackrel{\text{def}}{=} \tilde{\nabla}_{\mathbf{x}} \text{ s.t. } \mathbf{E}[\tilde{\nabla}_{\mathbf{x}}] = \nabla f(\mathbf{x}) , \mathbf{E}[\|\tilde{\nabla}_{\mathbf{x}}\|^2] \leq G^2$$

也就是说，给定决策集中的一个点，有噪声的梯度 Oracle 返回一个随机向量，其期望值是该点的梯度，其方差以 G^2 为界。

将证明 OCO 的遗憾界转化为随机优化的收敛速率。作为一种特殊情况，考虑在线梯度下降算法，其遗憾界为

$$\text{Regret}_T = O(DG\sqrt{T})$$

将 OGD 算法应用于由噪声梯度 Oracle 在连续点定义的一系列线性函数，并最终返回沿途所有点的平均值，获得了随机梯度下降算法，如算法 3.2 所示。

算法 3.2　随机梯度下降

1: 输入：$\mathcal{O}$, $\mathcal{K}$, T, $\mathbf{x}_1 \in \mathcal{K}$，步长 $\{\eta_t\}$

2: **for** $t = 1$ 至 T **do**

3:　令 $\tilde{\nabla}_t = \mathcal{O}(\mathbf{x}_t)$

4:　更新及投影：

$$\mathbf{y}_{t+1} = \mathbf{x}_t - \eta_t \tilde{\nabla}_t$$

$$\mathbf{x}_{t+1} = \prod_{\mathcal{K}}(\mathbf{y}_{t+1})$$

5: **end for**

6: **return** $\bar{\mathbf{x}}_T \stackrel{\text{def}}{=} \frac{1}{T} \sum_{t=1}^{T} \mathbf{x}_t$

定理 3.4 *步长为 $\eta_t = \frac{D}{G\sqrt{t}}$ 时，算法 3.2 保证*

$$\mathbf{E}[f(\bar{\mathbf{x}}_T)] \leq \min_{\mathbf{x}^\star \in \mathcal{K}} f(\mathbf{x}^\star) + \frac{3GD}{2\sqrt{T}}$$

证明 为了分析，定义线性函数 $f_t(\mathbf{x}) \overset{\text{def}}{=} \tilde{\nabla}_t^\top \mathbf{x}$。利用在线梯度下降的遗憾保证，有

$$\mathbf{E}[f(\bar{\mathbf{x}}_T)] - f(\mathbf{x}^\star)$$

$$\leq \mathbf{E}[\frac{1}{T}\sum_t f(\mathbf{x}_t)] - f(\mathbf{x}^\star) \qquad f \text{ 的凸性 (Jensen)}$$

$$\leq \frac{1}{T}\mathbf{E}[\sum_t \nabla f(\mathbf{x}_t)^\top (\mathbf{x}_t - \mathbf{x}^\star)] \qquad \text{同样是凸性}$$

$$= \frac{1}{T}\mathbf{E}[\sum_t \tilde{\nabla}_t^\top (\mathbf{x}_t - \mathbf{x}^\star)] \qquad \text{噪声梯度估计器}$$

$$= \frac{1}{T}\mathbf{E}[\sum_t f_t(\mathbf{x}_t) - f_t(\mathbf{x}^\star)] \qquad \text{算法3.2，第3行}$$

$$\leq \frac{\text{Regret}_T}{T} \qquad \text{定义}$$

$$\leq \frac{3GD}{2\sqrt{T}} \qquad \text{定理 3.1}$$

值得注意的是，上面的证明使用了一个事实，即在线梯度下降的遗憾界对自适应对手有效。由于算法 3.2 中定义的代价函数 f_t 取决于决策 $\mathbf{x}_t \in \mathcal{K}$ 的选择，因此产生了这种需求。

此外，细心的读者可能会注意到，通过插入不同的步长 (也称为学习速率) 并将随机梯度下降应用于强凸函数，可以获得 $\tilde{O}(1/T)$ 收敛速率，其中 $\tilde{O}$ 隐藏了 T 中的对数因子。这个推导的细节留作练习。

示例：用于SVM训练的随机梯度下降

回顾 2.5 节中的支持向量机 (SVM) 训练示例。在给定数据集上训练 SVM 的任务相当于求解以下凸规划 [式 (2.7)]：

$$f(\mathbf{x}) = \min_{\mathbf{x} \in \mathbb{R}^d} \left\{ \lambda \frac{1}{n} \sum_{i \in [n]} \ell_{\mathbf{a}_i, b_i}(\mathbf{x}) + \frac{1}{2} \|\mathbf{x}\|^2 \right\}$$

$$\ell_{\mathbf{a}, b}(\mathbf{x}) = \max\{0, 1 - b \cdot \mathbf{x}^\top \mathbf{a}\}$$

算法 3.3　用于 SVM 训练的随机梯度下降

1：输入：n 个样本的训练集 $\{(\mathbf{a}_i, b_i)\}$, T。令 $\mathbf{x}_1 = 0$

2：**for** $t=1$ 至 T **do**

3：　　均匀地随机选取一个样本 $t \in [n]$

4：　　令 $\tilde{\nabla}_t = \lambda \nabla \ell_{\mathbf{a}_t, b_t}(\mathbf{x}_t) + \mathbf{x}_t$, 其中

$$\nabla \ell_{\mathbf{a}_t, b_t}(\mathbf{x}_t) = \begin{cases} 0, & b_t \mathbf{x}_t^\top \mathbf{a}_t > 1 \\ \\ -b_t \mathbf{a}_t, & \text{其他} \end{cases}$$

5：　　$\mathbf{x}_{t+1} = \mathbf{x}_t - \eta_t \tilde{\nabla}_t$

6：**end for**

7：**return** $\bar{\mathbf{x}}_T \stackrel{\text{def}}{=} \frac{1}{T} \sum_{t=1}^{T} \mathbf{x}_t$

　　使用本章中描述的技术，即在线梯度下降 (OGD) 和随机梯度下降 (SGD) 算法，可以设计出比第 2 章中提出的算法快得多的算法。其想法是使用数据集中的一个示例生成目标梯度的无偏估计量，并用它代替整个梯度。这在算法 3.3 中提出的用于 SVM 训练的随机梯度下降算法中正式给出。

　　从定理 3.4 可以看出，该算法具有适当的参数 η_t，在 $T = O(\frac{1}{\varepsilon^2})$ 次迭代后返回 ε 近似解。此外，稍微注意一下并使用定理 3.3，通过参数 $\eta_t = O(\frac{1}{t})$ 可得收敛速率为 $\tilde{O}(\frac{1}{\varepsilon})$。

　　这与标准离线梯度下降的收敛速率相匹配。然而，每次迭代都要便宜得多——只需要考虑数据集中的一个示例！这就是随机梯度下降的魔力所在：已经使用极其廉价的迭代来匹配一阶方法几乎最优的收敛速率。这使得它成为许多应用中的首选方法。

3.5　文献评述

OCO 框架是由 Zinkevich (2003) 引入的，其中引入并分析了在线梯度下降 (OGD) 算法。在 Kivinen and Warmuth(1997) 中介绍并分析了该算法的前身，尽管用于不太通用的设置。OCO 的对数遗憾算法在 Hazan et al.(2007) 中被介绍和分析。

随机梯度下降 (SGD) 算法可以追溯到 1951 年，在那时它被称为"随机近似"。随机梯度下降对机器学习的重要性在 2008 年得到了提倡 (Bottou, 1998; Bottou and Bousquet, 2008)。关于随机梯度下降的文献非常丰富，读者可以参考文献 Bubeck (2015) 和论文 Lan(2012)。

(Shalev-Shwartz et al., 2011a) 中探讨了随机梯度下降在软边界 SVM 训练中的应用。强凸和非光滑函数的随机梯度下降的紧收敛速率最近才获得 (Hazan and Kale, 2011; Rakhlin et al., 2012; Shamir and Zhang, 2013)。

3.6　练习

1. 证明对于强凸函数，随机梯度下降可以在适当的参数 η_t 下收敛速率为 $\tilde{O}(\frac{1}{T})$。回顾一下，$\tilde{O}$ 表示隐藏了参数中的对数因子，包括 T。可以假设梯度估计量具有以常数 G 为界的 Euclidean 范数。

2. * 这里将展示如何从 OCO 算法的设计中去除一些先验知识。

(a) 设计一种 OCO 算法，该算法在不提前知道参数 G 的情况下，达到与在线梯度下降相同的渐近遗憾界，最多相差 G 中的对数因子。

(b) 对参数 D 做同样的操作：设计一个 OCO 算法，该算法可以获得与在线梯度下降相同的渐近遗憾界，最多相差 D 中的对数因子，而不需要提前知道参数 D。这次可以假设 G 是已知的。可以假设在不知道其直径的情况下，计算 $\mathcal{K}$ 上的投影。

3. 本练习证明 OCO 任何算法的遗憾的紧下界。

(a) 对于任何公平投掷的序列 T，令 N_h 是正面结果的数量，N_T 是

背面结果的数量。给出 $\mathbf{E}[|N_h - N_t|]$ 上的渐近紧上界和下界。也就是说，这个随机变量的增长顺序可表示为 T 的函数，相差乘法和加法常数因子。

(b) 考虑一个双专家问题，其中损失是负相关的：要么专家 1 损失 1，专家 2 损失 -1，反之亦然。使用上面的事实来设计一个设置，在该设置中，任何专家算法都会使遗憾渐近到达上界。

(c) 考虑凸集 $\mathcal{K}$ 上的一般 OCO 设置。设计一个设置，其中代价函数具有范数以 G 为界的梯度，并得到遗憾与 G、直径 $\mathcal{K}$ 和博弈迭代次数的函数的下界。

4. 实现 SVM 训练的随机梯度下降算法。将其应用于 MNIST 数据集。将你的结果与第 2 章中的离线梯度下降算法进行比较。

第 *4* 章

二 阶 方 法

本章的重点是本书第 1 章介绍过的通用投资组合选择的应用。下面从这个应用的详细描述开始。继续描述一类新的对这个问题进行建模的凸函数。这类新函数比第 3 章讨论的强凸函数更具一般性。基于凸优化的二阶方法，可以得到对数遗憾算法。与迄今为止一直是重点且依赖于 (子) 梯度的一阶方法相比，二阶方法利用了关于目标函数二阶导数的信息。

4.1 动机：通用投资组合选择

本节给出通用投资组合选择问题的正式定义，该问题在 1.2 节中进行了非正式描述。

4.1.1 主流投资组合理论

主流金融理论将股票价格建模为一个被称为几何布朗运动 (Geometric Brownian Motion，GBM) 的随机过程。该模型假设股票价格的波动基本上表现为随机游走。从时间段的角度考虑资产 (股票) 可能更容易，可以将时间离散为相等的时间段。因此，时间段 $t+1$ 处价格的对数，表示为 l_{t+1}，由时间段 t 处价格的对数和具有特定均值和方差的高斯随机变量的和给出：

$$l_{t+1} \sim l_t + \mathcal{N}(\mu, \sigma)$$

这只是对几何布朗运动的一种非正式的理解方式。正式模型在时间上是连续的，当时间间隔、均值和方差接近 0 时，大致等价于上述模型。

几何布朗运动模型对投资组合选择问题给出了特定算法 (对更复杂的应用也一样，如期权定价)。给定一组资产的股价随时间变化产生的均值和方差，以及它们的相关系数，可以公式化具有特定风险 (方差) 阈值的最大预期收益 (均值) 的投资组合。

当然，最根本的问题是，如何获得一组给定股票的均值和方差参数，更不用说相关系统了。一种公认的解决方案是根据历史数据估计这些，例如通过获取最近的股票价格历史数据进行估计。

4.1.2　通用投资组合理论

通用投资组合选择理论与几何布朗运动模型有很大不同。主要区别在于缺乏对股票市场的统计假设。该理论的想法是将投资建模为一个重复的决策场景，这很适合 OCO 框架，并将遗憾作为一个绩效指标来衡量。

考虑以下场景：在每次迭代 $t \in [T]$ 时，决策者选择 $\mathbf{x}_t$，即其财富在 n 种资产上分布，满足 $\mathbf{x}_t \in \Delta_n$。这里 $\Delta_n = \{\mathbf{x} \in \mathbb{R}_+^n, \sum_i \mathbf{x}_i = 1\}$ 是 n 维单纯形 (即 n 个元素上所有分布的集合)。对手独立选择资产的市场回报，即向量 $\mathbf{r}_t \in \mathbb{R}_+^n$，使得每个坐标 $\mathbf{r}_t(i)$ 是迭代 t 次和 $t+1$ 次之间第 i 个资产的价格比。例如，如果 i 的坐标是在纳斯达克交易的谷歌股票代码 GOOG，那么

$$\mathbf{r}_t(i) = \frac{t+1 \text{时刻 GOOG 的价格}}{t \text{时刻 GOOG 的价格}}$$

决策者的财富如何变化？令 W_t 是在迭代 t 时某人的总财富。然后，在忽略交易成本情况下，有

$$W_{t+1} = W_t \cdot \mathbf{r}_t^\top \mathbf{x}_t$$

经过 T 次迭代，投资者的总财富为

$$W_T = W_1 \cdot \prod_{t=1}^{T} \mathbf{r}_t^\top \mathbf{x}_t$$

决策者的目标是最大化总财富收益 W_T/W_0，可以通过最大化以下更方便的对数值来求得：

$$\log \frac{W_T}{W_1} = \sum_{t=1}^{T} \log \mathbf{r}_t^\top \mathbf{x}_t$$

上面的公式已经非常类似于 OCO 设置，尽管被表述为收益最大化而不是损失最小化。令

$$f_t(\mathbf{x}) = \log(\mathbf{r}_t^\top \mathbf{x})$$

凸集是 n 维单纯形 $\mathcal{K} = \Delta_n$，将遗憾定义为

$$\text{Regret}_T = \max_{\mathbf{x}^\star \in \mathcal{K}} \sum_{t=1}^{T} f_t(\mathbf{x}^\star) - \sum_{t=1}^{T} f_t(\mathbf{x}_t)$$

函数 f_t 是凹的而不是凸的，这非常好，因为这里将问题定义为最大化而不是最小化。还要注意的是，与考虑最小化问题时常用的遗憾概念 [见式 (1.1)] 使用的记号相反。

由于这是一个 OCO 实例，可以使用第 3 章的在线梯度下降算法进行投资，这确保了遗憾界为 $O(\sqrt{T})$（见 4.6 节的练习 3）。在投资方面能得到什么保证？为了回答这个问题，4.1.3 节对上面表达式中的 $\mathbf{x}^\star$ 可能是什么进行了推理。

4.1.3　持续再平衡投资组合

由于 $\mathbf{x}^\star \in \mathcal{K} = \Delta_n$ 是 n 维单纯形中的一个点，考虑 $\mathbf{x}^\star = \mathbf{e}_1$ 的特殊情况，即第一个标准基向量（除第一个元素为 1 外，其他元素都为 0 的向量）。项 $\sum_{t=1}^{T} f_t(\mathbf{e}_1)$ 变成 $\sum_{t=1}^{T} \log \mathbf{r}_t(1)$ 或

$$\log \prod_{t=1}^{T} \mathbf{r}_t(1) = \log \left(\frac{T+1 \text{ 时刻股票的价格}}{\text{初始股票价格}} \right)$$

随着 T 变大，任何次线性遗憾保证 (例如，使用在线梯度下降实现的 $O(\sqrt{T})$ 遗憾保证) 都会实现接近 0 的平均遗憾。在这种情况下，这意味着实现的对数财富收益 (即在 T 轮中的平均值) 与第一只股票的收益一样好。由于 $\mathbf{x}^{\star}$ 可以是任意向量，次线性遗憾保证了平均对数财富的增长与任何股票一样好！

但是，$\mathbf{x}^{\star}$ 可能会更好，如以下示例所示。考虑一个由两只股票组成的市场，这两只股票波动剧烈。第一只股票每偶数天上涨 100%，并在第二天 (奇数天) 恢复到原来的价格。第二只股票的情况正好相反；偶数天下跌 50%，奇数天回升。从形式上讲，有

$$\mathbf{r}_t(1) = (2 \ , \ \frac{1}{2} \ , \ 2 \ , \ \frac{1}{2} ,...)$$

$$\mathbf{r}_t(2) = (\frac{1}{2} \ , \ 2 \ , \ \frac{1}{2} \ , \ 2 ,...)$$

显然，从长远来看，对这两只股票的任何投资都不会有收益。然而，投资组合 $\mathbf{x}^{\star} = (0.5, 0.5)$ 每天都在以因子 $\mathbf{r}_t^{\top}\mathbf{x}^{\star} = (\frac{1}{2})^2 + 1 = 1.25$ 增加财富！这种混合分布被称为固定再平衡投资组合 (fixed rebalanced portfolio)，因为它需要在每次迭代中重新平衡投资于每只股票的总资本比例，以维持这种固定分布策略。

因此，平均遗憾的消失保证了长期增长，成为事后来看最佳的持续再平衡投资组合。这种投资组合策略被称为通用的 (universal)。已经看到，在线梯度下降算法本质上给出了一个具有遗憾界为 $O(\sqrt{T})$ 的通用算法。能得到更好的遗憾保证吗？

4.2 指数凹函数

为了方便起见，这里回到考虑凸函数的损失，而不是像在投资组合选择应用中那样考虑凹函数的收益。这两个问题是等价的：简单地将凹函数 $f(\mathbf{x}) = \log(\mathbf{r}_t^{\top}\mathbf{x})$ 的最大化替换为凸函数 $f(\mathbf{x}) = -\log(\mathbf{r}_t^{\top}\mathbf{x})$ 的最小化。

在第 3 章中已经看到，具有精心选择步长的在线梯度下降算法可以为强凸函数提供对数遗憾。然而，投资组合选择 OCO 设置的损失函数 $f_t(\mathbf{x}) = -\log(\mathbf{r}_t^\top \mathbf{x})$ 不是强凸的。相反，该函数的 Hessian 矩阵为

$$\nabla^2 f_t(\mathbf{x}) = \frac{\mathbf{r}_t \mathbf{r}_t^\top}{(\mathbf{r}_t^\top \mathbf{x})^2}$$

它其实是秩为 1 的矩阵。回顾一下，二次可微强凸函数的 Hessian 矩阵大于单位矩阵的倍数，并且是正定矩阵，特别是它是满秩的。因此，损失函数 $f(\mathbf{x}) = \log(\mathbf{r}_t^\top \mathbf{x})$ 远不是强凸的。

然而，一个重要的观察结果是，这一 Hessian 矩阵在梯度方向上取值很大。此属性称为指数凹性 (exp-contrarity)。定义 4.1 给出这一性质的严格定义，并证明它足以达到对数遗憾。

定义 4.1 如果函数 g 是凹的，则凸函数 $f: \mathbb{R}^n \mapsto \mathbb{R}$ 被定义为在 $\mathcal{K} \subseteq \mathbb{R}^n$ 上是 α 指数凹的，其中 $g: \mathcal{K} \mapsto \mathbb{R}$ 定义为

$$g(\mathbf{x}) = e^{-\alpha f(\mathbf{x})}$$

对于下面的讨论，回顾 2.1 节的表示法，特别是约定矩阵 $A \succcurlyeq B$，当且仅当 $A - B$ 是半正定的。指数凹性意味着在梯度方向上有很强的凸性。可以导出引理 4.1 中的性质。

引理 4.1 一个二阶可微函数 $f: \mathbb{R}^n \mapsto \mathbb{R}$ 在 $\mathbf{x}$ 处是 α 指数凹的，当且仅当

$$\nabla^2 f(\mathbf{x}) \succcurlyeq \alpha \nabla f(\mathbf{x}) \nabla f(\mathbf{x})^\top$$

这一引理的证明在 4.6 节作为练习给出。引理 4.2 证明了一个稍微更强的引理。

引理 4.2 令 $f: \mathcal{K} \to \mathbb{R}$ 为一个 α 指数凹函数，D、G 分别表示 $\mathcal{K}$ 的直径和 f 的次梯度的界。则对于所有 $\gamma \leq \frac{1}{2} \min\{\frac{1}{GD}, \alpha\}$ 和所有 $\mathbf{x}, \mathbf{y} \in \mathcal{K}$，下式成立。

$$f(\mathbf{x}) \geq f(\mathbf{y}) + \nabla f(\mathbf{y})^\top (\mathbf{x} - \mathbf{y}) + \frac{\gamma}{2}(\mathbf{x} - \mathbf{y})^\top \nabla f(\mathbf{y}) \nabla f(\mathbf{y})^\top (\mathbf{x} - \mathbf{y})$$

证明　一个凹的非递减函数与另一个凹函数的组合是凹的（见 4.6 节）。因此，由于 $2\gamma \le \alpha$，故 $g(x) = x^{2\gamma/\alpha}$ 与 $f(\mathbf{x}) = \exp(-\alpha f(\mathbf{x}))$ 的组合是凹的。由此可知，函数 $h(\mathbf{x}) \stackrel{\text{def}}{=} \exp(-2\gamma f(\mathbf{x}))$ 是凹的。根据 $h(\mathbf{x})$ 的凹性，

$$h(\mathbf{x}) \le h(\mathbf{y}) + \nabla h(\mathbf{y})^\top (\mathbf{x} - \mathbf{y})$$

代入 $\nabla h(\mathbf{y}) = -2\gamma \exp(-2\gamma f(\mathbf{y}))\nabla f(\mathbf{y})$，得

$$\exp(-2\gamma f(\mathbf{x})) \le \exp(-2\gamma f(\mathbf{y}))[1 - 2\gamma \nabla f(\mathbf{y})^\top (\mathbf{x} - \mathbf{y})]$$

化简可得

$$f(\mathbf{x}) \ge f(\mathbf{y}) - \frac{1}{2\gamma} \log \left(1 - 2\gamma \nabla f(\mathbf{y})^\top (\mathbf{x} - \mathbf{y})\right)$$

接下来，注意 $|2\gamma \nabla f(\mathbf{y})^\top (\mathbf{x} - \mathbf{y})| \le 2\gamma GD \le 1$，并对 $z \ge -1$ 使用 Taylor 近似，可得 $-\log(1 - z) \ge z + \frac{1}{4}z^2$。对 $z = 2\gamma \nabla f(\mathbf{y})^\top (\mathbf{x} - \mathbf{y})$ 用不等式，引理得证。

4.3　指数加权OCO

在深入研究有效的二阶方法之前，先描述一种基于乘法更新方法的简单算法，该算法对指数凹损失给出对数遗憾。算法 4.1 被称为指数加权在线优化器(Exponentially Weighted Online Optimizer，EWOO)，与 Hedge 算法 (算法 1.1) 相近。它的遗憾保证是稳健的：它不包括 Lipschitz 常数或直径边界。此外，描述和分析起来特别简单。

EWOO 的缺点是它的运行时间。一个简单的实现需要运行维度的指数时间。可以基于随机采样技术给出随机多项式时间实现，其中多项式既取决于维数，也取决于迭代次数。更多详细信息，参阅 4.5 节。

算法 4.1 指数加权在线优化器 (EWOO)

1: 输入：凸集 $\mathcal{K}$，T，参数 $\alpha>0$

2: **for** $t=1$ 至 T **do**

3:     令 $w_t(\mathbf{x}) = e^{-\alpha\sum_{\tau=1}^{t-1}f_\tau(\mathbf{x})}$

4:     根据下式执行 $\mathbf{x}_t$

$$\mathbf{x}_t = \frac{\int_{\mathcal{K}} \mathbf{x}\, w_t(\mathbf{x})d\mathbf{x}}{\int_{\mathcal{K}} w_t(\mathbf{x})d\mathbf{x}}$$

5: **end for**

在下面的分析中可以观察到，随机选择密度与 $w_t(\mathbf{x})$ 成比例的 $\mathbf{x}_t$，而不是计算整个积分，也保证了期望遗憾界。这是多项式时间实现的基础。下面给出对数遗憾界 (见定理 4.1)。

定理 4.1

$$\text{Regret}_T(\text{EWOO}) \leq \frac{d}{\alpha}\log T + \frac{2}{\alpha}$$

证明 令 $h_t(\mathbf{x}) = e^{-\alpha f_t(\mathbf{x})}$。因为 f_t 是 α 指数凹的，故 h_t 是凹的且

$$h_t(\mathbf{x}_t) \geq \frac{\int_{\mathcal{K}} h_t(\mathbf{x})\prod_{\tau=1}^{t-1}h_\tau(\mathbf{x})\,d\mathbf{x}}{\int_{\mathcal{K}}\prod_{\tau=1}^{t-1}h_\tau(\mathbf{x})\,d\mathbf{x}}$$

因此，有以下裂项积，

$$\prod_{\tau=1}^{t}h_\tau(\mathbf{x}_\tau) \geq \frac{\int_{\mathcal{K}}\prod_{\tau=1}^{t}h_\tau(\mathbf{x})\,d\mathbf{x}}{\int_{\mathcal{K}}1\,d\mathbf{x}} = \frac{\int_{\mathcal{K}}\prod_{\tau=1}^{t}h_\tau(\mathbf{x})\,d\mathbf{x}}{\text{vol}(\mathcal{K})} \tag{4.1}$$

通过定义 $\mathbf{x}^\star$，有 $\mathbf{x}^\star \in \arg\max_{\mathbf{x}\in\mathcal{K}}\prod_{t=1}^{T}h_t(\mathbf{x})$。用 $S_\delta \subset \mathcal{K}$ 表示变换后的 Minkowski 集：

$$S_\delta = (1-\delta)\mathbf{x}^\star + \mathcal{K}_{1-\delta} = \{\mathbf{x} = (1-\delta)\mathbf{x}^\star + \delta\mathbf{y}\,,\ \mathbf{y}\in\mathcal{K}\}$$

通过 h_t 的凹性和 h_t 非负的事实，可得

$$\forall \mathbf{x}\in S_\delta \qquad h_t(\mathbf{x}) \geq (1-\delta)h_t(\mathbf{x}^\star)$$

因此，

$$\forall \mathbf{x} \in S_\delta \qquad \prod_{\tau=1}^{T} h_\tau(\mathbf{x}) \geq (1-\delta)^T \prod_{\tau=1}^{T} h_\tau(\mathbf{x}^\star)$$

最后，因为 $S_\delta = (1-\delta)\mathbf{x}^\star + \delta\mathcal{K}$ 只是 $\mathcal{K}$ 的重缩放，然后平移，并且处于 d 维中，所以 $\mathrm{vol}(S_\delta) = \mathrm{vol}(\mathcal{K}) \times \delta^d$。把这些代入式 (4.1)，有

$$\prod_{\tau=1}^{T} h_\tau(\mathbf{x}_\tau) \geq \frac{\mathrm{vol}(S_\delta)}{\mathrm{vol}(\mathcal{K})}(1-\delta)^T \prod_{\tau=1}^{T} h_\tau(\mathbf{x}^\star) \geq \delta^d(1-\delta)^T \prod_{\tau=1}^{T} h_\tau(\mathbf{x}^\star)$$

现在可以通过取对数和改变边来简化，

$$\begin{aligned}
\mathrm{Regret}_T(\mathrm{EWOO}) &= \sum_t f_t(\mathbf{x}_t) - f_t(\mathbf{x}^\star) \\
&= \frac{1}{\alpha} \log \frac{\prod_{\tau=1}^{T} h_\tau(\mathbf{x}^\star)}{\prod_{\tau=1}^{T} h_\tau(\mathbf{x}_\tau)} \\
&\leq \frac{1}{\alpha}\left(d\log\frac{1}{\delta} + T\log\frac{1}{1-\delta}\right) \\
&\leq \frac{d}{\alpha}\log T + \frac{2}{\alpha}
\end{aligned}$$

其中最后一步选定，$\delta = \frac{1}{T}$。

4.4 在线牛顿步算法

到目前为止，只考虑了遗憾最小化的一阶方法。本节介绍一种拟牛顿方法，即一种 OCO 算法。该算法在多个维度上近似二阶导数或 Hessian 矩阵。然而，严格来说，本书分析的算法也是一阶的，因为只使用梯度信息。

这里介绍和分析的算法，称为在线牛顿步 (Online Newton Step, ONS) 算法，在算法 4.2 中有详细说明。在每次迭代中，该算法选择一个向量，该向量是在上一次迭代中选择的向量和一个附加向量之和的投影。而对于在线梯度下降算法，这个添加的向量是上一个成本函数的梯度；对于在线牛顿步算法，该向量有所不同：如果它是上一个成本函数的离线优化问题，会让人想起 Newton-Raphson 方法的前进方向。

Newton-Raphson 算法将沿着向量的方向移动，该向量是 Hessian 矩阵的倒数乘以梯度。在在线牛顿步算法中，这个方向是 $A_t^{-1}\nabla_t$，其中矩阵 A_t 与 Hessian 矩阵有关，在如下分析中证实。

由于将牛顿向量 $A_t^{-1}\nabla_t$ 的倍数添加到当前向量可能导致产生在凸集之外的点，因此需要额外的投影步骤来获得 $\mathbf{x}_t$，即在时间 t 处的决策。此投影不同于 3.1 节中在线梯度下降算法使用的标准 Euclidean 投影。它是根据矩阵 A_t 定义的范数的投影，而不是 Euclidean 范数的投影。

算法 4.2 在线牛顿步

1：输入：凸集 $\mathcal{K}$，T，$\mathbf{x}_1 \in \mathcal{K} \subseteq \mathbb{R}^n$，参数 $\gamma, \varepsilon > 0$，$A_0 = \varepsilon \mathbf{I}_n$

2：**for** $t=1$ 至 T **do**

3：　　执行 $\mathbf{x}_t$ 并观察代价 $f_t(\mathbf{x}_t)$

4：　　Rank-1 更新：$A_t = A_{t-1} + \nabla_t \nabla_t^\top$

5：　　牛顿步与广义投影：

$$\mathbf{y}_{t+1} = \mathbf{x}_t - \frac{1}{\gamma} A_t^{-1} \nabla_t$$

$$\mathbf{x}_{t+1} = \prod_{\mathcal{K}}^{A_t}(\mathbf{y}_{t+1}) = \underset{\mathbf{x}\in\mathcal{K}}{\arg\min}\left\{\|\mathbf{y}_{t+1} - \mathbf{x}\|_{A_t}^2\right\}$$

6：**end for**

在线牛顿步算法的优点是它对指数凹函数的对数遗憾保证，如 4.3 节所定义。定理 4.2 给出了在线牛顿步算法的遗憾界。

定理 4.2 参数 $\gamma = \frac{1}{2}\min\{\frac{1}{GD}, \alpha\}$，$\varepsilon = \frac{1}{\gamma^2 D^2}$，$T \geq 4$ 的算法 4.2 保证了

$$\text{Regret}_T \leq 2\left(\frac{1}{\alpha} + GD\right)n\log T$$

第一步，证明引理 4.3。

引理 4.3 在线牛顿步算法的遗憾界为

$$\text{Regret}_T(\text{ONS}) \leq \left(\frac{1}{\alpha} + GD\right)\left(\sum_{t=1}^{T}\nabla_t^\top A_t^{-1}\nabla_t + 1\right)$$

证明　令 $\mathbf{x}^\star \in \arg\min_{\mathbf{x}\in\mathcal{K}}\sum_{t=1}^{T} f_t(\mathbf{x})$ 为事后看来最佳决策。利用引理 4.2，对 $\gamma = \frac{1}{2}\min\{\frac{1}{GD},\alpha\}$，有

$$f_t(\mathbf{x}_t) - f_t(\mathbf{x}^\star) \le R_t$$

其中定义

$$R_t \stackrel{\text{def}}{=} \nabla_t^\top(\mathbf{x}_t - \mathbf{x}^\star) - \frac{\gamma}{2}(\mathbf{x}^\star - \mathbf{x}_t)^\top \nabla_t \nabla_t^\top(\mathbf{x}^\star - \mathbf{x}_t)$$

根据算法：$\mathbf{x}_{t+1} = \Pi_{\mathcal{K}}^{A_t}(\mathbf{y}_{t+1})$ 的更新规则。现由定义 $\mathbf{y}_{t+1}$，有

$$\mathbf{y}_{t+1} - \mathbf{x}^\star = \mathbf{x}_t - \mathbf{x}^\star - \frac{1}{\gamma}A_t^{-1}\nabla_t \quad \text{且} \tag{4.2}$$

$$A_t(\mathbf{y}_{t+1} - \mathbf{x}^\star) = A_t(\mathbf{x}_t - \mathbf{x}^\star) - \frac{1}{\gamma}\nabla_t \tag{4.3}$$

将式 (4.2) 的转置乘以式 (4.3)，可得

$$\begin{aligned}&(\mathbf{y}_{t+1} - \mathbf{x}^\star)^\top A_t(\mathbf{y}_{t+1} - \mathbf{x}^\star)\\&=(\mathbf{x}_t-\mathbf{x}^\star)^\top A_t(\mathbf{x}_t-\mathbf{x}^\star) - \frac{2}{\gamma}\nabla_t^\top(\mathbf{x}_t-\mathbf{x}^\star) + \frac{1}{\gamma^2}\nabla_t^\top A_t^{-1}\nabla_t\end{aligned} \tag{4.4}$$

由于 $\mathbf{x}_{t+1}$ 是 $\mathbf{y}_{t+1}$ 在 A_t 诱导范数意义下的投影，根据勾股定理 (见 2.1.1 节)，有

$$\begin{aligned}(\mathbf{y}_{t+1} - \mathbf{x}^\star)^\top A_t(\mathbf{y}_{t+1} - \mathbf{x}^\star) &= \|\mathbf{y}_{t+1} - \mathbf{x}^\star\|_{A_t}^2\\&\ge \|\mathbf{x}_{t+1} - \mathbf{x}^\star\|_{A_t}^2\\&= (\mathbf{x}_{t+1} - \mathbf{x}^\star)^\top A_t(\mathbf{x}_{t+1} - \mathbf{x}^\star)\end{aligned}$$

这种不等式是使用广义投影而不是标准投影的原因，标准投影用于在线梯度下降分析 [见 3.1 节式 (3.2)]。根据这一事实并结合式 (4.4) 可得

$$\begin{aligned}\nabla_t^\top(\mathbf{x}_t-\mathbf{x}^\star) \le &\frac{1}{2\gamma}\nabla_t^\top A_t^{-1}\nabla_t + \frac{\gamma}{2}(\mathbf{x}_t-\mathbf{x}^\star)^\top A_t(\mathbf{x}_t-\mathbf{x}^\star)\\&-\frac{\gamma}{2}(\mathbf{x}_{t+1}-\mathbf{x}^\star)^\top A_t(\mathbf{x}_{t+1}-\mathbf{x}^\star)\end{aligned}$$

现在，从 $t=1$ 至 T 求和，可得

$$\sum_{t=1}^{T} \nabla_t^{\top}(\mathbf{x}_t - \mathbf{x}^\star) \le \frac{1}{2\gamma}\sum_{t=1}^{T}\nabla_t^{\top}A_t^{-1}\nabla_t + \frac{\gamma}{2}(\mathbf{x}_1 - \mathbf{x}^\star)^{\top}A_1(\mathbf{x}_1 - \mathbf{x}^\star)$$

$$+ \frac{\gamma}{2}\sum_{t=2}^{T}(\mathbf{x}_t - \mathbf{x}^\star)^{\top}(A_t - A_{t-1})(\mathbf{x}_t - \mathbf{x}^\star)$$

$$- \frac{\gamma}{2}(\mathbf{x}_{T+1} - \mathbf{x}^\star)^{\top}A_T(\mathbf{x}_{T+1} - \mathbf{x}^\star)$$

$$\le \frac{1}{2\gamma}\sum_{t=1}^{T}\nabla_t^{\top}A_t^{-1}\nabla_t + \frac{\gamma}{2}\sum_{t=1}^{T}(\mathbf{x}_t - \mathbf{x}^\star)^{\top}\nabla_t\nabla_t^{\top}(\mathbf{x}_t - \mathbf{x}^\star)$$

$$+ \frac{\gamma}{2}(\mathbf{x}_1 - \mathbf{x}^\star)^{\top}(A_1 - \nabla_1\nabla_1^{\top})(\mathbf{x}_1 - \mathbf{x}^\star)$$

在最后一个不等式中使用了 $A_t - A_{t-1} = \nabla_t\nabla_t^{\top}$，矩阵 A_T 是半正定的事实，因此最后一项是负的。故

$$\sum_{t=1}^{T}R_t \le \frac{1}{2\gamma}\sum_{t=1}^{T}\nabla_t^{\top}A_t^{-1}\nabla_t + \frac{\gamma}{2}(\mathbf{x}_1 - \mathbf{x}^\star)^{\top}(A_1 - \nabla_1\nabla_1^{\top})(\mathbf{x}_1 - \mathbf{x}^\star)$$

使用算法参数 $A_1 - \nabla_1\nabla_1^{\top} = \varepsilon\mathbf{I}_n$，$\varepsilon = \frac{1}{\gamma^2 D^2}$ 且直径标记 $\|\mathbf{x}_1 - \mathbf{x}^\star\|^2 \le D^2$，有

$$\mathrm{Regret}_T(\mathrm{ONS}) \le \sum_{t=1}^{T}R_t \le \frac{1}{2\gamma}\sum_{t=1}^{T}\nabla_t^{\top}A_t^{-1}\nabla_t + \frac{\gamma}{2}D^2\varepsilon$$

$$\le \frac{1}{2\gamma}\sum_{t=1}^{T}\nabla_t^{\top}A_t^{-1}\nabla_t + \frac{1}{2\gamma}$$

由于 $\gamma = \frac{1}{2}\min\{\frac{1}{GD}, \alpha\}$，有 $\frac{1}{\gamma} \le 2(\frac{1}{\alpha} + GD)$。引理得证。

现在可以证明定理 4.2。

定理 4.2 的证明　首先证明裂项级数和 $\sum_{t=1}^{T}\nabla_t^{\top}A_t^{-1}\nabla_t$ 的上界。注意到

$$\nabla_t^{\top}A_t^{-1}\nabla_t = A_t^{-1} \bullet \nabla_t\nabla_t^{\top} = A_t^{-1} \bullet (A_t - A_{t-1})$$

其中，对于矩阵 $A, B \in \mathbb{R}^{n \times n}$，记 $A \bullet B = \sum_{i=1}^{n}\sum_{j=1}^{n}A_{ij}B_{ij} = \mathbf{Tr}(AB^{\top})$，这相当于将这些矩阵作为 $\mathbb{R}^{n^2}$ 中向量的内积。

对于实数 $a, b \in \mathbb{R}_+$，b 的对数在 a 处的一阶 Taylor 展开，则有 $a^{-1}(a-b) \leq \log \frac{a}{b}$。一个类似的事实适用于半正定矩阵，即 $A^{-1} \bullet (A - B) \leq \log \frac{|A|}{|B|}$，其中 $|A|$ 表示矩阵 A 的行列式（将在引理 4.4 中证明）。利用这一事实，有

$$\sum_{t=1}^{T} \nabla_t^\top A_t^{-1} \nabla_t = \sum_{t=1}^{T} A_t^{-1} \bullet \nabla_t \nabla_t^\top$$

$$= \sum_{t=1}^{T} A_t^{-1} \bullet (A_t - A_{t-1})$$

$$\leq \sum_{t=1}^{T} \log \frac{|A_t|}{|A_{t-1}|} = \log \frac{|A_T|}{|A_0|}$$

由于 $A_T = \sum_{t=1}^{T} \nabla_t \nabla_t^\top + \varepsilon I_n$ 且 $\|\nabla_t\| \leq G$，因此 A_T 最大特征值最大为 $TG^2 + \varepsilon$。故 A_T 的行列式满足 $|A_T| \leq (TG^2 + \varepsilon)^n$。回顾 $\varepsilon = \frac{1}{\gamma^2 D^2}$ 且 $\gamma = \frac{1}{2} \min\{\frac{1}{GD}, \alpha\}$，对于 $T > 4$，有

$$\sum_{t=1}^{T} \nabla_t^\top A_t^{-1} \nabla_t \leq \log \left(\frac{TG^2 + \varepsilon}{\varepsilon} \right)^n \leq n \log(TG^2 \gamma^2 D^2 + 1) \leq n \log T$$

代入引理 4.3，可得

$$\text{Regret}_T(\text{ONS}) \leq \left(\frac{1}{\alpha} + GD \right)(n \log T + 1)$$

故对 $n > 1$，$T \geq 4$，定理得证。

下面还需要证明这里使用的半正定 (Positive Semi-Definite，PSD) 矩阵的技术引理，即引理 4.4。

引理 4.4 令 $A \succeq B \succ 0$ 为正定矩阵。则

$$A^{-1} \bullet (A - B) \leq \log \frac{|A|}{|B|}$$

证明 对任意正定矩阵 C，记 $\lambda_1(C), \ldots, \lambda_n(C)$ 为其特征值 (都是正定的)。

$$A^{-1} \bullet (A - B) = \mathbf{Tr}(A^{-1}(A - B))$$
$$= \mathbf{Tr}(A^{-1/2}(A - B)A^{-1/2}) \qquad \mathbf{Tr}(XY) = \mathbf{Tr}(YX)$$
$$= \mathbf{Tr}(I - A^{-1/2}BA^{-1/2})$$
$$= \sum_{i=1}^{n} \left[1 - \lambda_i(A^{-1/2}BA^{-1/2}) \right] \qquad \mathbf{Tr}(C) = \sum_{i=1}^{n} \lambda_i(C)$$
$$\leq - \sum_{i=1}^{n} \log \left[\lambda_i(A^{-1/2}BA^{-1/2}) \right] \qquad 1 - x \leq -\log(x)$$
$$= - \log \left[\prod_{i=1}^{n} \lambda_i(A^{-1/2}BA^{-1/2}) \right]$$
$$= - \log |A^{-1/2}BA^{-1/2}| = \log \frac{|A|}{|B|} \qquad |C| = \prod_{i=1}^{n} \lambda_i(C)$$

在最后的等式中使用了关于正定矩阵的事实 $|AB| = |A||B|$ 和 $|A^{-1}| = \frac{1}{|A|}$，见 4.6 节。

实现和运行时间 在线牛顿步算法需要 $O(n^2)$ 存储空间来存储矩阵 A_t。每次迭代都需要计算矩阵 A_t^{-1}、当前梯度、矩阵向量乘积，以及可能到底层凸集 $\mathcal{K}$ 上的投影。

一个简单的实现需要在每次迭代中计算矩阵 A_t 的逆。然而，在 A_t 可逆的情况下，矩阵逆引理 (见 4.5 节) 指出，对于可逆矩阵 A 和向量 $\mathbf{x}$，有

$$(A + \mathbf{x}\mathbf{x}^\top)^{-1} = A^{-1} - \frac{A^{-1}\mathbf{x}\mathbf{x}^\top A^{-1}}{1 + \mathbf{x}^\top A^{-1}\mathbf{x}}$$

因此，给定 A_{t-1}^{-1} 和 ∇_t，可以仅使用矩阵向量和向量与向量的乘积在 $O(n^2)$ 时间内计算 A_t^{-1}。

在线牛顿步算法还需要在 $\mathcal{K}$ 上进行投影，但其性质与在线梯度下降和其他 OCO 算法略有不同。用 $\Pi_{\mathcal{K}}^{A_t}$ 表示的所需要的投影是由矩阵 A_t 诱导的向量范数，即 $\|\mathbf{x}\|_{A_t} = \sqrt{\mathbf{x}^\top A_t \mathbf{x}}$。这相当于求点 $\mathbf{x} \in \mathcal{K}$，该点最小化 $(\mathbf{x} - \mathbf{y})^\top A_t(\mathbf{x} - \mathbf{y})$，其中 $\mathbf{y}$ 是投影点。这是一个凸规划，可以在多项式时间内求解到任意精度。

将广义投影的计算模块化，在线牛顿步算法可以在 $O(n^2)$ 时间和空

间内实现。此外，所需要的唯一信息是每一步的梯度（以及损失函数的指数凹性常数 α）。

4.5　文献评述

早在 1900 年，Louis Bachelier 的博士论文中就提出并研究了股票价格的几何布朗运动模型 (Bachelier, 1900)，另见 Osborne(1959)，并在 Black 和 Scholes 关于期权定价的诺贝尔奖获奖作品中使用 Black and Scholes(1973)。在与标准金融理论的强烈背离中，Thomas Cover 提出了通用投资组合模型 Thomas Cover(1991)，本书在第 1 章中对其算法理论进行了历史性的概述。Cover 的论文中基本上给出了 EWOO 算法，用于投资组合选择和对数损失函数的应用，并将其扩展到了凹损失函数 Hazan et al.(2006)。以多项式运行时间运行的 Cover 算法的随机扩展见 Kalai and Vempala(2003)，它自然扩展到 EWOO。

经典投资组合理论和通用模型之间的一些桥梁出现在 Abernethy et al.(2012)。期权定价及其与遗憾最小化的关系最近也在 DeMarzo et al.(2006) 的工作中进行了探讨。

指数凹函数在预测情景的文献中被考虑 Kivinen and Warmuth(1999)，另见 Cesa-Bianchi and Lugosi(2006)(参见 3.3 节和 3.5 节)。Voyk(1990) 使用了一个比指数凹性更通用的条件，称为可混合性，以给出一个通用的乘法更新算法，另请参阅 Foster et al.(2018)。关于在线学习中允许对数遗憾的各种条件的彻底讨论，参阅 van Erven et al.(2015)。

对于平方损失，Azoury and Warmuth(2001) 给出了一种专门定制的接近最优的预测算法。OCO 的对数遗憾算法和在线牛顿步算法在 Hazan et al.(2007) 中给出。

对数遗憾算法被用于推导 $\tilde{O}(\frac{1}{\varepsilon})$ 收敛算法，用于在 Shalev-Shwartz et al.(2011) 中训练 SVM 的情况下进行非光滑凸优化。在这些结果的基础上，在 Hazan and Kale(2011) 中获得了强凸和非光滑函数的随机梯度下降的紧收敛速率。

Sherman-Morison 公式，又称矩阵逆引理，给出了 Rank-1 更新后矩阵逆的形式，见 (Riedel, 1991)。

4.6 练习

1. 对于这个问题，假设所有函数都是二次可微的。证明指数凹函数是一个比强凸函数和 Lipschitz 函数更大的类。也就是说，证明一个在有界域上的 G-Lipschitz 强凸函数也是指数凹的。证明相反的说法不一定成立。

2. 证明一个二次可微函数 f 在 $\mathcal{K}$ 上是 α 指数凹的，当且仅当对于所有 $\mathbf{x} \in \mathcal{K}$，

$$\nabla^2 f(\mathbf{x}) \succcurlyeq \alpha \nabla f(\mathbf{x}) \nabla f(\mathbf{x})^\top$$

提示：考虑函数 $e^{-\alpha f(\mathbf{x})}$ 的 Hessian 矩阵，并利用凸函数的 Hessian 矩阵总是半正定的事实。

3. 为基于在线梯度下降的投资组合选择算法编写伪代码。也就是说，给定一组回报向量，拼出精确的常数，并根据回报函数的梯度进行更新。基于定理 3.1 推导遗憾界。可以假设任何单一资产的价格乘法变化是有界的，并在你的遗憾界中使用这个数量。

对应用于投资组合选择的在线牛顿步算法，进行同样的操作 (伪代码和遗憾界)。

注意：投影到单纯形上不需要给出伪代码。

4. 从你最喜欢的在线金融网站下载至少三年的股票价格。通过创建价格回报向量，创建用于测试投资组合选择算法的数据集。实现在线梯度下降算法和在线牛顿步算法，并用你的数据对它们进行基准测试。

5. 证明对于正定矩阵 $A, B \succ 0$，以下成立：$|AB| = |A||B|$ 且 $|A^{-1}| = \frac{1}{|A|}$，其中 $|A|$ 表示 A 的行列式。

6. 设 $h(x): \mathbb{R} \mapsto \mathbb{R}$ 为凹且不递减，设 $g(\mathbf{x}): \mathcal{K} \mapsto \mathbb{R}$ 为凹。证明函数 $f(\mathbf{x}) = h(g(\mathbf{x}))$ 是凹的。

第 5 章

正 则 化

前几章探讨了由凸优化驱动的 OCO 算法。然而,与凸优化不同,OCO 框架优化了遗憾性能度量。这种不同造就了一系列算法,称为正则化跟随领导者 (Regularized Follow The Leader,RFTL),将在本章介绍。

在遗憾最小化的 OCO 设置中,对于在线玩家来说,最直接的方法是在任何时候使用事后最优决策 (即凸集中的点)。形式上,令

$$\mathbf{x}_{t+1} = \arg\min_{\mathbf{x} \in \mathcal{K}} \sum_{\tau=1}^{t} f_\tau(\mathbf{x})$$

这种策略在经济学中被称为虚拟对弈 (fictitious play),在机器学习中被命名为跟随领导者 (Follow the Leader,FTL)。不难看出,这种简单的策略在最糟糕的情况下会惨败。也就是说,这种策略的遗憾在迭代次数上可以是线性的,如下例所示:考虑 $\mathcal{K} = [-1, 1]$,令 $f_1(x) = \frac{1}{2}x$,对于 $\tau = 2, \ldots, T$,令 f_τ 在 $-x$ 和 x 之间交替取值。故

$$\sum_{\tau=1}^{t} f_\tau(x) = \begin{cases} \frac{1}{2}x, & t \text{ 是奇数} \\[2ex] -\frac{1}{2}x, & \text{其他} \end{cases}$$

FTL 策略将在 $x_t = -1$ 和 $x_t = 1$ 之间不断切换,总是做出错误的选择。

直观的 FTL 策略在上例中失败了，因为它不稳定。能否修改 FTL 策略，使其不会经常改变决策，从而获得较低的遗憾？

这个问题促使人们需要一种稳定 FTL 方法的通用方式。这种方式被称为正则化 (regularization)。

5.1　正则化函数

本章考虑正则化函数，表示为 $R : \mathcal{K} \mapsto \mathbb{R}$，它是强凸和光滑的 (回顾 2.1 节中的定义)。

尽管这不是严格必要的，但这里假设本章中的正则化函数在 $\mathcal{K}$ 上是二次可微的，并且对于决策集内部的所有点 $\mathbf{x} \in \mathrm{int}(\mathcal{K})$，由于 R 的强凸性，都有一个正定的 Hessian 矩阵 $\nabla^2 R(\mathbf{x})$。

将集合 $\mathcal{K}$ 相对于函数 R 的直径表示为

$$D_R = \sqrt{\max_{\mathbf{x}, \mathbf{y} \in \mathcal{K}} \{R(\mathbf{x}) - R(\mathbf{y})\}}$$

然后，将利用广义范数及其对偶。范数 $\|\cdot\|$ 的对偶范数由以下定义给出：

$$\|\mathbf{y}\|^* \stackrel{\mathrm{def}}{=} \sup_{\|\mathbf{x}\| \leq 1} \{\mathbf{x}^\top \mathbf{y}\}$$

一个正定矩阵 A 可以给出其矩阵范数 $\|\mathbf{x}\|_A = \sqrt{\mathbf{x}^\top A \mathbf{x}}$。该矩阵范数的对偶范数为 $\|\mathbf{x}\|_A^* = \|\mathbf{x}\|_{A^{-1}}$。

广义 Cauchy-Schwarz 定理为 $\mathbf{x}^\top \mathbf{y} \leq \|\mathbf{x}\| \|\mathbf{y}\|^*$，且针对矩阵范数，有 $\mathbf{x}^\top \mathbf{y} \leq \|\mathbf{x}\|_A \|\mathbf{y}\|_A^*$ (见 5.8 节)。

在推导中，通常考虑相对于 $\nabla^2 R(\mathbf{x})$ 的矩阵范数，正则化函数 $R(\mathbf{x})$ 的 Hessian 矩阵，同时 Hessian 矩阵的逆记作 $\nabla^{-2} R(\mathbf{x})$。在这种情况下，使用记号

$$\|\mathbf{x}\|_{\mathbf{y}} \stackrel{\mathrm{def}}{=} \|\mathbf{x}\|_{\nabla^2 R(\mathbf{y})}$$

及类似的

$$\|\mathbf{x}\|_{\mathbf{y}}^* \stackrel{\mathrm{def}}{=} \|\mathbf{x}\|_{\nabla^{-2} R(\mathbf{y})}$$

在分析使用正则化的 OCO 算法时，一个关键量是正则化函数的 Taylor 近似的余项，尤其是一阶 Taylor 近似的余项。$\mathbf{x}$ 处正则化函数的值与一阶 Taylor 近似值之间的差称为 Bregman 散度，由定义 5.1 给出。

定义 5.1 相对于函数 R 的 Bregman 散度记作 $B_R(\mathbf{x}\|\mathbf{y})$，定义为

$$B_R(\mathbf{x}\|\mathbf{y}) = R(\mathbf{x}) - R(\mathbf{y}) - \nabla R(\mathbf{y})^\top (\mathbf{x} - \mathbf{y})$$

对于二次可微函数，Taylor 展开和中值定理表明 Bregman 散度等于中间点的二阶导数，即 (见 5.8 节)

$$B_R(\mathbf{x}\|\mathbf{y}) = \frac{1}{2} \|\mathbf{x} - \mathbf{y}\|_{\mathbf{z}}^2$$

对某个点 $\mathbf{z} \in [\mathbf{x}, \mathbf{y}]$ 成立，这意味着存在某个 $\alpha \in [0, 1]$，使得 $\mathbf{z} = \alpha\mathbf{x} + (1-\alpha)\mathbf{y}$。因此，Bregman 散度定义了一个有对偶范数的局部范数。将对偶范数记作

$$\|\cdot\|_{\mathbf{x},\mathbf{y}}^* \overset{\text{def}}{=} \|\cdot\|_{\mathbf{z}}^*$$

利用这一记号，有

$$B_R(\mathbf{x}\|\mathbf{y}) = \frac{1}{2} \|\mathbf{x} - \mathbf{y}\|_{\mathbf{x},\mathbf{y}}^2$$

在 OCO 中，通常指的是两个连续决策点 $\mathbf{x}_t$ 和 $\mathbf{x}_{t+1}$ 之间的 Bregman 散度。在这种情况下，将关于 $[\mathbf{x}_t, \mathbf{x}_{t+1}]$ 之间点相对于 R 的 Bregman 散度定义的范数简记为 $\|\cdot\|_t \overset{\text{def}}{=} \|\cdot\|_{\mathbf{x}_t, \mathbf{x}_{t+1}}$。后一个范数称为迭代 t 次时的局部范数。用这个记号，有 $B_R(\mathbf{x}_t\|\mathbf{x}_{t+1}) = \frac{1}{2}\|\mathbf{x}_t - \mathbf{x}_{t+1}\|_t^2$。

最后，考虑以下使用 Bregman 散度作为距离而不是范数的广义投影。形式上，点 $\mathbf{y}$ 相对于函数 R 的 Bregman 散度得到的投影为

$$\underset{\mathbf{x}\in\mathcal{K}}{\arg\min}\, B_R(\mathbf{x}\|\mathbf{y})$$

5.2 RFTL算法及其分析

回想一下直接使用 FTL 方法的警告：正如所考虑的不良示例一样，

FTL 的预测可能会在一次迭代与下一次迭代之间发生巨大变化。这促使修改基本的 FTL 策略，以稳定预测。通过添加正则化项，得到了 RFTL 算法。

这里对 RFTL 算法模板进行了形式化描述和分析，给出了渐近最优遗憾界。然而，并没有为了提高表示式的清晰度而优化遗憾界中的常数。

在本章中，仍使用 ∇_t 标记表示当前点处当前成本函数的梯度，即

$$\nabla_t \overset{\text{def}}{=} \nabla f_t(\mathbf{x}_t)$$

在 OCO 设置中，凸代价函数的遗憾可以由线性函数通过不等式 $f_t(\mathbf{x}_t) - f_t(\mathbf{x}^\star) \le \nabla_t^\top(\mathbf{x}_t - \mathbf{x}^\star)$ 约束。因此，OCO 算法的总体遗憾的界 [回顾定义 (1.1)] 可由下式给出

$$\sum_t f_t(\mathbf{x}_t) - f_t(\mathbf{x}^\star) \le \sum_t \nabla_t^\top(\mathbf{x}_t - \mathbf{x}^\star) \tag{5.1}$$

5.2.1 元算法定义

通用 RFTL 元算法的定义见算法 5.1。假定正则化函数 R 为强凸、光滑的且二次可微的。

算法 5.1 RFTL

1：输入：$\eta > 0$，正则化函数 R，及一个有界、凸的闭集 $\mathcal{K}$

2：令 $\mathbf{x}_1 = \arg\min_{\mathbf{x}\in\mathcal{K}}\{R(\mathbf{x})\}$

3：**for** $t=1$ 至 T **do**

4：　　执行 $\mathbf{x}_t$，并观测代价 $f_i(\mathbf{x}_t)$

5：　　更新

$$\mathbf{x}_{t+1} = \underset{\mathbf{x}\in\mathcal{K}}{\arg\min}\left\{\eta\sum_{s=1}^{t}\nabla_s^\top\mathbf{x} + R(\mathbf{x})\right\}$$

6：**end for**

5.2.2 遗憾界

定理 5.1 对于每一个 $\mathbf{u} \in \mathcal{K}$，算法 5.1 可达到如下的遗憾界:

$$\text{Regret}_T \leq 2\eta \sum_{t=1}^{T} \|\nabla_t\|_t^{*2} + \frac{R(\mathbf{u}) - R(\mathbf{x}_1)}{\eta}$$

如果局部范数的上界已知，即对于所有时间 t，有$\|\nabla_t\|_t^* \leq G_R$，那么可以在$\eta$的选择上进一步优化，以获得

$$\text{Regret}_T \leq 2 D_R G_R \sqrt{2T}$$

为了证明定理 5.1。首先将遗憾与预测中的"稳定性"联系起来。这一点可以通过引理 5.1 形式化地表述 [1]。

引理 5.1 算法 5.1 确保以下遗憾界

$$\text{Regret}_T \leq \sum_{t=1}^{T} \nabla_t^\top (\mathbf{x}_t - \mathbf{x}_{t+1}) + \frac{1}{\eta} D_R^2$$

证明 为方便推导，定义函数

$$g_0(\mathbf{x}) \stackrel{\text{def}}{=} \frac{1}{\eta} R(\mathbf{x}) \, , \; g_t(\mathbf{x}) \stackrel{\text{def}}{=} \nabla_t^\top \mathbf{x}$$

根据式 (5.1)，它满足界$\sum_{t=1}^{T}[g_t(\mathbf{x}_t) - g_t(\mathbf{u})]$。作为第一步，证明引理 5.2 中的不等式。

引理 5.2 对于任意$\mathbf{u} \in \mathcal{K}$，有

$$\sum_{t=0}^{T} g_t(\mathbf{u}) \geq \sum_{t=0}^{T} g_t(\mathbf{x}_{t+1})$$

证明 在 T 上进行数学归纳。

---

1 从历史上看，引理 5.1 被称为 "FTL-BTL"，代表追随领导者与成为领导者。BTL 是一种假想算法，它在迭代 t 次时预测 $\mathbf{x}_{t+1}$，其中 $\mathbf{x}_t$ 是 FTL 做出的预测。这些术语是由 Kalai 和 Vempala 创造的 (Kalai and Vempala, 2005)。

数学归纳基础:

根据定义, 有 $\mathbf{x}_1 = \arg\min_{\mathbf{x}\in\mathcal{K}}\{R(\mathbf{x})\}$, 因此对于所有的 $\mathbf{u}$, 有 $g_0(\mathbf{u}) \ge g_0(\mathbf{x}_1)$。

数学归纳步:

假设对于 T, 有

$$\sum_{t=0}^{T} g_t(\mathbf{u}) \ge \sum_{t=0}^{T} g_t(\mathbf{x}_{t+1})$$

下面证明对于 $T+1$ 的结论。因为 $\mathbf{x}_{T+2} = \arg\min_{\mathbf{x}\in\mathcal{K}}\{\sum_{t=0}^{T+1} g_t(\mathbf{x})\}$, 有

$$\begin{aligned}
\sum_{t=0}^{T+1} g_t(\mathbf{u}) &\ge \sum_{t=0}^{T+1} g_t(\mathbf{x}_{T+2}) \\
&= \sum_{t=0}^{T} g_t(\mathbf{x}_{T+2}) + g_{T+1}(\mathbf{x}_{T+2}) \\
&\ge \sum_{t=0}^{T} g_t(\mathbf{x}_{t+1}) + g_{T+1}(\mathbf{x}_{T+2}) \\
&= \sum_{t=0}^{T+1} g_t(\mathbf{x}_{t+1})
\end{aligned}$$

其中第三行使用了数学归纳假设 $\mathbf{u} = \mathbf{x}_{T+2}$。

结论是

$$\begin{aligned}
\sum_{t=1}^{T}[g_t(\mathbf{x}_t) - g_t(\mathbf{u})] &\le \sum_{t=1}^{T}[g_t(\mathbf{x}_t) - g_t(\mathbf{x}_{t+1})] + [g_0(\mathbf{u}) - g_0(\mathbf{x}_1)] \\
&= \sum_{t=1}^{T} g_t(\mathbf{x}_t) - g_t(\mathbf{x}_{t+1}) + \frac{1}{\eta}[R(\mathbf{u}) - R(\mathbf{x}_1)] \\
&\le \sum_{t=1}^{T} g_t(\mathbf{x}_t) - g_t(\mathbf{x}_{t+1}) + \frac{1}{\eta}D_R^2
\end{aligned}$$

定理 5.1 的证明 已知 $R(\mathbf{x})$ 是凸函数且 $\mathcal{K}$ 是凸集。记

$$\Phi_t(\mathbf{x}) \stackrel{\text{def}}{=} \eta\sum_{s=1}^{t} \nabla_s^{\top}\mathbf{x} + R(\mathbf{x})$$

利用 $\mathbf{x}_{t+1}$ 处的 Taylor 展开式 (通过中值定理得到其显式余项)，及 Bregman 散度的定义，有

$$\Phi_t(\mathbf{x}_t) = \Phi_t(\mathbf{x}_{t+1}) + (\mathbf{x}_t - \mathbf{x}_{t+1})^\top \nabla \Phi_t(\mathbf{x}_{t+1}) + B_{\Phi_t}(\mathbf{x}_t \| \mathbf{x}_{t+1})$$
$$\geq \Phi_t(\mathbf{x}_{t+1}) + B_{\Phi_t}(\mathbf{x}_t \| \mathbf{x}_{t+1})$$
$$= \Phi_t(\mathbf{x}_{t+1}) + B_R(\mathbf{x}_t \| \mathbf{x}_{t+1})$$

该不等式成立，因为 $\mathbf{x}_{t+1}$ 是 $\mathcal{K}$ 上 Φ_t 的最小值，如定理 2.2 所示。最后一个等式成立，因为分量 $\nabla_s^\top \mathbf{x}$ 是线性的，所以不影响 Bregman 散度。因此，有

$$B_R(\mathbf{x}_t \| \mathbf{x}_{t+1}) \leq \Phi_t(\mathbf{x}_t) - \Phi_t(\mathbf{x}_{t+1}) \tag{5.2}$$
$$= (\Phi_{t-1}(\mathbf{x}_t) - \Phi_{t-1}(\mathbf{x}_{t+1})) + \eta \nabla_t^\top (\mathbf{x}_t - \mathbf{x}_{t+1})$$
$$\leq \eta \nabla_t^\top (\mathbf{x}_t - \mathbf{x}_{t+1}) \quad (\mathbf{x}_t \text{ 是极小值点})$$

接下来，回顾在点 $\mathbf{x}_t$, $\mathbf{x}_{t+1}$ 处相对于 R 的 Bregman 散度的范数简要标记为 $\|\cdot\|_t = \|\cdot\|_{\mathbf{x}_t, \mathbf{x}_{t+1}}$。类似地，对于对偶局部范数，$\|\cdot\|_t^* = \|\cdot\|_{\mathbf{x}_t, \mathbf{x}_{t+1}}^*$。利用这个标记，有 $B_R(\mathbf{x}_t \| \mathbf{x}_{t+1}) = \frac{1}{2} \|\mathbf{x}_t - \mathbf{x}_{t+1}\|_t^2$。利用广义 Cauchy-Schwarz 不等式，有

$$\nabla_t^\top (\mathbf{x}_t - \mathbf{x}_{t+1}) \leq \|\nabla_t\|_t^* \cdot \|\mathbf{x}_t - \mathbf{x}_{t+1}\|_t \qquad \text{Cauchy-Schwarz (不等式)}$$
$$= \|\nabla_t\|_t^* \cdot \sqrt{2 B_R(\mathbf{x}_t \| \mathbf{x}_{t+1})}$$
$$\leq \|\nabla_t\|_t^* \cdot \sqrt{2 \eta \nabla_t^\top (\mathbf{x}_t - \mathbf{x}_{t+1})} \tag{5.2}$$

重组后可得

$$\nabla_t^\top (\mathbf{x}_t - \mathbf{x}_{t+1}) \leq 2 \eta \|\nabla_t\|_t^{*2}$$

将该不等式与引理 5.1 相结合，得到了定理的结论。

5.3 在线镜像下降

在凸优化文献中，镜像下降 (mirror descent) 是指一大类一阶广义梯度下降方法。在线镜像下降 (Online Mirror Descent，OMD) 是这类方法的在线对应版本。这种关系类似于在线梯度下降 (OGD) 与传统

(离线) 梯度下降的关系。

在线镜像下降是一种迭代算法，它使用简单的梯度更新规则和以前的决策来计算当前决策，很像在线梯度下降。该方法的普遍性源于在"对偶"空间中进行的更新，其中对偶概念由正则化的选择定义：正则化函数的梯度定义了从 $\mathbb{R}^n$ 到其自身的映射，这是一个向量场。然后在该向量场中执行梯度更新。

对于 RFTL 算法，直观上是直接的——正则化用于确保决策的稳定性。对于在线镜像下降，正则化还有一个额外的目的：正则化变换了执行梯度更新的空间。这种变换能够在空间的几何形状方面实现更好的界。

在线镜像下降算法有两种风格：敏捷 (Agile) 版和懒惰 (Lazy) 版。懒惰版跟踪 Euclidean 空间中的一个点，并仅在决策时投影到凸决策集 $\mathcal{K}$ 上。相比之下，敏捷版在任何时候都保持一个可行的点，很像在线梯度下降。

算法 5.2　在线镜像下降

1：输入：参数 $\eta > 0$，正则化函数 $R(\mathbf{x})$

2：令 $\mathbf{y}_1$ 满足 $\nabla R(\mathbf{y}_1) = \mathbf{0}$ 且 $\mathbf{x}_1 = \arg\min_{\mathbf{x}\in\mathcal{K}} B_R(\mathbf{x}\|\mathbf{y}_1)$

3：**for** $t=1$ 至 T **do**

4：　　执行 $\mathbf{x}_t$

5：　　观察损失函数 f_t 且令 $\nabla_t = \nabla f_t(\mathbf{x}_t)$

6：　　根据以下规则更新 $\mathbf{y}_t$：

$$[\text{懒惰版}] \quad \nabla R(\mathbf{y}_{t+1}) = \nabla R(\mathbf{y}_t) - \eta\,\nabla_t$$
$$[\text{敏捷版}] \quad \nabla R(\mathbf{y}_{t+1}) = \nabla R(\mathbf{x}_t) - \eta\,\nabla_t$$

　　依据 B_R 投影：

$$\mathbf{x}_{t+1} = \arg\min_{\mathbf{x}\in\mathcal{K}} B_R(\mathbf{x}\|\mathbf{y}_{t+1})$$

7：**end for**

可以对这两个版本进行分析，以给出与 RFTL 算法大致相同的遗憾界。根据接下来将看到的情况，并不奇怪的是：对于线性代价函数，

RFTL 和懒惰在线镜像下降算法等价！

因此，可以免费获得懒惰版的遗憾界。敏捷版可以被证明达到类似的遗憾界，事实上在某些需要自适应的设置中具有优势。这一问题将在第 10 章进一步探讨。这里主要介绍敏捷版的分析。

5.3.1 懒惰版在线镜像下降与RFTL的等价性

对于线性代价函数，在线镜像下降 (懒惰版) 与 RFTL 完全相同，如引理 5.3 所示。

引理 5.3 令 $f_1,\cdots,f_T$ 为线性代价函数。懒惰版在线镜像下降和 RFTL 算法产生相同的预测，即

$$\arg\min_{\mathbf{x}\in\mathcal{K}}\{B_R(\mathbf{x}\|\mathbf{y}_t)\} = \arg\min_{\mathbf{x}\in\mathcal{K}}\left(\eta\sum_{s=1}^{t-1}\nabla_s^\top\mathbf{x} + R(\mathbf{x})\right)$$

证明 首先，观察无约束极小值

$$\mathbf{x}_t^\star \stackrel{\text{def}}{=} \arg\min_{\mathbf{x}\in\mathbb{R}^n}\left\{\sum_{s=1}^{t-1}\nabla_s^\top\mathbf{x} + \frac{1}{\eta}R(\mathbf{x})\right\}$$

满足

$$\nabla R(\mathbf{x}_t^\star) = -\eta\sum_{s=1}^{t-1}\nabla_s$$

根据定义，$\mathbf{y}_t$ 也满足上面的等式，但由于 $R(\mathbf{x})$ 是严格凸的，上式只有一个解，因此 $\mathbf{y}_t = \mathbf{x}_t^\star$。于是

$$B_R(\mathbf{x}\|\mathbf{y}_t) = R(\mathbf{x}) - R(\mathbf{y}_t) - (\nabla R(\mathbf{y}_t))^\top(\mathbf{x} - \mathbf{y}_t)$$
$$= R(\mathbf{x}) - R(\mathbf{y}_t) + \eta\sum_{s=1}^{t-1}\nabla_s^\top(\mathbf{x} - \mathbf{y}_t)$$

由于 $R(\mathbf{y}_t)$ 和 $\sum_{s=1}^{t-1}\nabla_s^\top\mathbf{y}_t$ 与 $\mathbf{x}$ 无关，可得 $B_R(\mathbf{x}\|\mathbf{y}_t)$ 在点 $\mathbf{x}$ 处取得极小值，并在 $\mathcal{K}$ 上使得 $R(\mathbf{x}) + \eta\sum_{s=1}^{t-1}\nabla_s^\top\mathbf{x}$ 达到极小值，因此

$$\arg\min_{\mathbf{x}\in\mathcal{K}}B_R(\mathbf{x}\|\mathbf{y}_t) = \arg\min_{\mathbf{x}\in\mathcal{K}}\left\{\sum_{s=1}^{t-1}\nabla_s^\top\mathbf{x} + \frac{1}{\eta}R(\mathbf{x})\right\}$$

5.3.2　镜像下降的遗憾界

本节会证明敏捷型 RFTL 算法的遗憾界。这里的分析与懒惰版的分析有很大不同，要特别注意。

定理 5.2　算法 5.2 对于每一个 $\mathbf{u} \in \mathcal{K}$ 可达如下遗憾界

$$\mathrm{Regret}_T \leq \frac{\eta}{4} \sum_{t=1}^{T} \|\nabla_t\|_t^{*2} + \frac{R(\mathbf{u}) - R(\mathbf{x}_1)}{2\eta}$$

如果局部范数的一个上界已知，即对所有时间 t 都有 $\|\nabla_t\|_t^* \leq G_R$，则可进一步优化 η 的选择以得到

$$\mathrm{Regret}_T \leq D_R G_R \sqrt{T}$$

证明　由于函数 $\mathbf{f}_t$ 是凸函数，因此对于任意 $\mathbf{x}^* \in K$，有

$$\mathbf{f}_t(\mathbf{x}_t) - \mathbf{f}_t(\mathbf{x}^*) \leq \nabla \mathbf{f}_t(\mathbf{x}_t)^\top (\mathbf{x}_t - \mathbf{x}^*)$$

根据定义，Bregman 散度有如下属性：对任意向量 $\mathbf{x}$、$\mathbf{y}$、$\mathbf{z}$，有

$$(\mathbf{x} - \mathbf{y})^\top (\nabla \mathcal{R}(\mathbf{z}) - \nabla \mathcal{R}(\mathbf{y})) = B_{\mathcal{R}}(\mathbf{x}, \mathbf{y}) - B_{\mathcal{R}}(\mathbf{x}, \mathbf{z}) + B_{\mathcal{R}}(\mathbf{y}, \mathbf{z})$$

组合观察结果，得

$$\begin{aligned}
\mathbf{f}_t(\mathbf{x}_t) - \mathbf{f}_t(\mathbf{x}^*) &\leq \nabla \mathbf{f}_t(\mathbf{x}_t)^\top (\mathbf{x}_t - \mathbf{x}^*) \\
&= \frac{1}{\eta} (\nabla \mathcal{R}(\mathbf{y}_{t+1}) - \nabla \mathcal{R}(\mathbf{x}_t))^\top (\mathbf{x}^* - \mathbf{x}_t) \\
&= \frac{1}{\eta} [B_{\mathcal{R}}(\mathbf{x}^*, \mathbf{x}_t) - B_{\mathcal{R}}(\mathbf{x}^*, \mathbf{y}_{t+1}) + B_{\mathcal{R}}(\mathbf{x}_t, \mathbf{y}_{t+1})] \\
&\leq \frac{1}{\eta} [B_{\mathcal{R}}(\mathbf{x}^*, \mathbf{x}_t) - B_{\mathcal{R}}(\mathbf{x}^*, \mathbf{x}_{t+1}) + B_{\mathcal{R}}(\mathbf{x}_t, \mathbf{y}_{t+1})]
\end{aligned}$$

其中，最后一个不等式由广义 Pythagorean 定理可得，因为 $\mathbf{x}_{t+1}$ 是 $\mathbf{y}_{t+1}$ 在 Bregman 散度意义下的投影，$\mathbf{x}^* \in K$ 在凸集中。对上述所有迭代求和，有

$$\begin{aligned}
\mathrm{Regret} &\leq \frac{1}{\eta} [B_{\mathcal{R}}(\mathbf{x}^*, \mathbf{x}_1) - B_{\mathcal{R}}(\mathbf{x}^*, \mathbf{x}_T)] + \sum_{t=1}^{T} \frac{1}{\eta} B_{\mathcal{R}}(\mathbf{x}_t, \mathbf{y}_{t+1}) \\
&\leq \frac{1}{\eta} D_R^2 + \sum_{t=1}^{T} \frac{1}{\eta} B_{\mathcal{R}}(\mathbf{x}_t, \mathbf{y}_{t+1})
\end{aligned} \tag{5.3}$$

下面求 $B_{\mathcal{R}}(\mathbf{x}_t, \mathbf{y}_{t+1})$ 的界。根据 Bregman 的定义和广义 Cauchy-Schwartz 不等式，有

$$
\begin{aligned}
B_{\mathcal{R}}(\mathbf{x}_t, \mathbf{y}_{t+1}) + B_{\mathcal{R}}(\mathbf{y}_{t+1}, \mathbf{x}_t) &= (\nabla \mathcal{R}(\mathbf{x}_t) - \nabla \mathcal{R}(\mathbf{y}_{t+1}))^{\top}(\mathbf{x}_t - \mathbf{y}_{t+1}) \\
&= \eta \nabla \mathbf{f}_t(\mathbf{x}_t)^{\top}(\mathbf{x}_t - \mathbf{y}_{t+1}) \\
&\le \eta \|\nabla \mathbf{f}_t(\mathbf{x}_t)\|_t^* \|\mathbf{x}_t - \mathbf{y}_{t+1}\|_t \\
&\le \frac{1}{2}\eta^2 G_R^2 + \frac{1}{2}\|\mathbf{x}_t - \mathbf{y}_{t+1}\|_t^2
\end{aligned}
$$

其中最后一个不等式由 $(a-b)^2 \ge 0$ 得。因此，有

$$
B_{\mathcal{R}}(\mathbf{x}_t, \mathbf{y}_{t+1}) \le \frac{1}{2}\eta^2 G_R^2 + \frac{1}{2}\|\mathbf{x}_t - \mathbf{y}_{t+1}\|_t^2 - B_{\mathcal{R}}(\mathbf{y}_{t+1}, \mathbf{x}_t) = \frac{1}{2}\eta^2 G_R^2
$$

代入式 (5.3)，并根据 Bregman 散度的非负性，取 $\eta = \frac{D_R}{\sqrt{T}G_R}$，可得

$$
\text{Regret} \le \frac{1}{2}\left[\frac{1}{\eta}D_R^2 + \frac{1}{2}\eta T G_R^2\right] \le D_R G_R \sqrt{T}
$$

5.4 应用与特例

本节将展示正则化技术的泛化性：展示如何推导由 RFTL 元算法导出的两个最重要且著名的在线算法——在线梯度下降算法和指数梯度算法 (基于乘法更新方法)。

RFTL 元算法的其他重要特殊形式可由矩阵范数正则化导出——比如，冯·诺伊曼熵函数，对数行列式函数，以及自和谐障碍正则化函数——将在第 6 章详细探讨。

5.4.1 推导在线梯度下降

为推导在线梯度下降算法，对任意 $\mathbf{x}_0 \in \mathcal{K}$ 取 $R(\mathbf{x}) = \frac{1}{2}\|\mathbf{x} - \mathbf{x}_0\|_2^2$。相对于该散度的投影是标准的 Euclidean 投影 (见 5.8 节)，且 $\nabla R(\mathbf{x}) = \mathbf{x} - \mathbf{x}_0$。因此，算法 5.2 的更新规则变为：

$$\mathbf{x}_t = \prod_{\mathcal{K}}(\mathbf{y}_t), \ \mathbf{y}_t = \mathbf{y}_{t-1} - \eta \nabla_{t-1} \qquad \text{懒惰版}$$

$$\mathbf{x}_t = \prod_{\mathcal{K}}(\mathbf{y}_t), \ \mathbf{y}_t = \mathbf{x}_{t-1} - \eta \nabla_{t-1} \qquad \text{敏捷版}$$

后面就是第 3 章中算法 3.1 描述的在线梯度下降算法。然而，如第 10 章所述，两类变体表现不同。

定理 5.1 给出了如下遗憾界 (其中相对于本章开始定义的正则化项 R，D_R 和 $\|\cdot\|_t$ 是直径和局部范数，D 是第 2 章定义的 Euclidean 直径)：

$$\text{Regret}_T \leq \frac{1}{\eta}D_R^2 + 2\eta \sum_t \|\nabla_t\|_t^{*2} \leq \frac{1}{2\eta}D^2 + 2\eta \sum_t \|\nabla_t\|^2 \leq 2GD\sqrt{T}$$

其中第二个不等式成立是因为 $R(\mathbf{x}) = \frac{1}{2}\|\mathbf{x} - \mathbf{x}_0\|^2$，局部范数 $\|\cdot\|_t$ 退化成 Euclidean 范数。

5.4.2　推导乘法更新

令 $R(\mathbf{x}) = \mathbf{x}\log\mathbf{x} = \sum_i \mathbf{x}_i \log\mathbf{x}_i$ 为负熵函数，其中 $\log\mathbf{x}$ 是按元素解释的。则 $\nabla R(\mathbf{x}) = \mathbf{1} + \log\mathbf{x}$，且算法 5.2 的更新规则变为：

$$\mathbf{x}_t = \underset{\mathbf{x}\in\mathcal{K}}{\arg\min}\, B_R(\mathbf{x}\|\mathbf{y}_t), \ \log\mathbf{y}_t = \log\mathbf{y}_{t-1} - \eta\nabla_{t-1} \qquad \text{懒惰版}$$

$$\mathbf{x}_t = \underset{\mathbf{x}\in\mathcal{K}}{\arg\min}\, B_R(\mathbf{x}\|\mathbf{y}_t), \ \log\mathbf{y}_t = \log\mathbf{x}_{t-1} - \eta\nabla_{t-1} \qquad \text{敏捷版}$$

根据这种选择的正则化项，一个值得注意的特殊情形是在 1.3 节中遇到的专家问题，其中决策集 $\mathcal{K}$ 是 n 维单纯形 $\Delta_n = \{\mathbf{x} \in \mathbb{R}_+^n \,|\, \sum_i \mathbf{x}_i = 1\}$。在这个特例中，相对于负熵的投影变成按 ℓ_1 范数放缩 (见 5.8节)，这表明所有更新规划可归结为同类算法：

$$\mathbf{x}_{t+1}(i) = \frac{\mathbf{x}_t(i) \cdot e^{-\eta\nabla_t(i)}}{\sum_{j=1}^n \mathbf{x}_t(j) \cdot e^{-\eta\nabla_t(j)}}$$

这就是第 1 章的 Hedge 算法！

定理 5.2 给出了如下遗憾界：

$$\text{Regret}_T \leq 2\sqrt{2D_R^2 \sum_t \|\nabla_t\|_t^{*2}}$$

如果每个专家的代价为 $[0,1]$，可以证明

$$\|\nabla_t\|_t^* \le \|\nabla_t\|_\infty \le 1 = G_R$$

此外，当 R 是负熵函数时，单纯形上直径的界为 $D_R^2 \le \log n$（见 5.8 节)，给出下面的界

$$\mathrm{Regret}_T \le 2D_R G_R \sqrt{2T} \le 2\sqrt{2T\log n}$$

对任意的代价范围，可以得到算法 5.3 中描述的指数梯度算法。

算法 5.3　指数梯度算法

1: 输入：参数 $\eta > 0$

2: 令 $\mathbf{y}_1 = 1$，$\mathbf{x}_1 = \frac{\mathbf{y}_1}{\|\mathbf{y}_1\|_1}$

3: **for** $t=1$ 到 T **do**

4:　　预测 $\mathbf{x}_t$

5:　　观测 f_t，对所有 $i \in [n]$，更新 $\mathbf{y}_{t+1}(i) = \mathbf{y}_t(i)e^{-\eta\nabla_t(i)}$

6:　　投影：$\mathbf{x}_{t+1} = \frac{\mathbf{y}_{t+1}}{\|\mathbf{y}_{t+1}\|_1}$

7: **end for**

指数梯度算法的遗憾界可由定理 5.1 的如下推论（推论 5.1) 给出。

推论 5.1　梯度界为 $\|\nabla_t\|_\infty \le G_\infty$ 且参数 $\eta = \sqrt{\frac{\log n}{2TG_\infty^2}}$ 时，指数梯度算法的遗憾界为

$$\mathrm{Regret}_T \le 2G_\infty\sqrt{2T\log n}$$

5.5　随机正则化

到目前为止，决策中的稳定性和低遗憾之间的联系激发了对正则化的讨论。然而，这种稳定性并不需要仅使用强凸正则化函数来实现。实现决策稳定性的另一种方法是在算法中引入随机化。事实上，从历史上看，这种方法早于基于强凸正则化的方法 (见 5.7 节)。

本节首先描述一种用于 OCO 的确定性算法,它很容易通过随机化加速。对于具有线性损失的 OCO 的特殊情况,给出了一个有效的随机化算法。

健忘与适应性对手。为简单起见,本节考虑使用稍微受限制的 OCO 版本。到目前为止,还没有以任何方式限制成本函数,它们可能取决于在线学习算法的决策选择。然而,处理随机算法时,这个问题变得更加微妙:成本函数是否取决于决策算法本身的随机性?此外,当分析遗憾时,它现在是一个随机变量,不同迭代之间的依赖关系需要概率机制,这对随机 OCO 算法的基本理解没什么帮助。为了避免这些复杂性,本节做了以下假设:成本函数 $\{\mathbf{f}_t\}$ 是提前对抗性选定的,不依赖于在线学习算法的实际决策。这种版本的 OCO 被称为健忘型 (oblivious) 设置,以区别于自适应 (adaptive) 设置。

5.5.1　凸损失扰动

算法 5.4 中的预测为跟随扰动领导者 (Follow the Perturbed Leader,FPL) 算法,该算法根据 FTL 的一个版本增加了一个额外的随机分量。它是一个根据随机变量计算期望决策的确定性算法。在由代价函数的梯度和一个可加随机向量构成的决策集上,该随机变量为极小值点。

在实践中,期望值并不需要准确计算。估计 (通过随机采样) 至一个与迭代次数线性相关的精度就足够了。

算法的输入为一个 n 维 Euclidean 空间向量 $\mathbf{n} \in \mathbb{R}^n$ 上的分布,其概率密度函数记作 $\mathcal{D}$。对于 σ,$L \in \mathbb{R}$,相对于范数 $\|\cdot\|_a$,分布 $\mathcal{D}$ 是 $(\sigma, L) = (\sigma_a, L_a)$ 稳定的条件是

$$\mathbf{E}_{\mathbf{n} \sim \mathcal{D}}[\|\mathbf{n}\|_a^*] = \sigma_a$$

且

$$\forall \mathbf{u}, \int_{\mathbf{n}} |\mathcal{D}(\mathbf{n}) - \mathcal{D}(\mathbf{n} - \mathbf{u})| \, d\mathbf{n} \leq L_a \|\mathbf{u}\|_a^*$$

其中,$n \sim \mathcal{D}$ 表示根据分布 $\mathcal{D}$ 采样得到的向量 $\mathbf{n} \in \mathbb{R}^n$,$\mathcal{D}(\mathbf{n})$ 表示

概率密度函数 $\mathcal{D}$ 在 $\mathbf{n}$ 上的值。如果语境明确，下标 a 可省略。

第一个参数 σ 与 $\mathcal{D}$ 的方差相关，第二个参数 L 是分布敏感度的测度 [1]。例如，如果 $\mathcal{D}$ 是超立方体 $[0,1]^n$ 上的均匀分布，对于 Euclidean 范数，下式成立 (见 5.8 节)。

$$\sigma_2 \leq \sqrt{n} \ , \ L_2 \leq 1$$

重用前面章节的标记，记 $D = D_a$ 为集合 $\mathcal{K}$ 相对于范数 $\|\cdot\|_a$ 的直径，$D^* = D_a^*$ 为相对于其对偶范数的直径。类似地，记 $G = G_a$ 和 $G^* = G_a^*$ 分别为梯度范数和对偶范数的上界。

算法 5.4   凸损失函数的 FPL 算法

1: 输入：$\eta > 0$, $\mathbb{R}^n$ 上的分布 $\mathcal{D}$，决策集 $\mathcal{K} \subseteq \mathbb{R}^n$

2: 令 $\mathbf{x}_1 = \mathbf{E}_{\mathbf{n} \sim \mathcal{D}} \left[\arg\min_{\mathbf{x} \in \mathcal{K}} \left\{ \mathbf{n}^\top \mathbf{x} \right\} \right]$

3: **for** $t=1$ 至 T **do**

4:     预测 $\mathbf{x}_t$

5:     观测损失函数 f_t，计算损失 $f_t(\mathbf{x}_t)$ 并令 $\nabla_t = \nabla f_t(\mathbf{x}_t)$

6:     更新

$$\mathbf{x}_{t+1} = \mathop{\mathbf{E}}_{\mathbf{n} \sim \mathcal{D}} \left[\arg\min_{\mathbf{x} \in \mathcal{K}} \left\{ \eta \sum_{s=1}^{t} \nabla_s^\top \mathbf{x} + \mathbf{n}^\top \mathbf{x} \right\} \right] \tag{5.4}$$

7: **end for**

定理 5.3   令分布 $\mathcal{D}$ 相对于范数 $\|\cdot\|_a$ 为 (σ, L) 稳定的。FPL 算法可得如下遗憾界：

$$\text{Regret}_T \leq \eta D G^{*2} L T + \frac{1}{\eta} \sigma D$$

进一步优化 η 的选择，得到

$$\text{Regret}_T \leq 2 L D G^* \sqrt{\sigma T}$$

---

1 在布尔函数的调和分析中，类似的量称为"平均敏感度"。

证明　定义随机函数 g_0 为

$$g_0(\mathbf{x}) \stackrel{\text{def}}{=} \frac{1}{\eta} \mathbf{n}^\top \mathbf{x}$$

将引理 5.2 应用于函数 $\{g_t(\mathbf{x}) = \nabla_t^\top \mathbf{x}\}$，可得

$$\mathbf{E}\left[\sum_{t=0}^{T} g_t(\mathbf{u})\right] \geq \mathbf{E}\left[\sum_{t=0}^{T} g_t(\mathbf{x}_{t+1})\right]$$

因此，

$$\sum_{t=1}^{T} \nabla_t(\mathbf{x}_t - \mathbf{x}^\star)$$

$$= \sum_{t=1}^{T} g_t(\mathbf{x}_t) - \sum_{t=1}^{T} g_t(\mathbf{x}^\star)$$

$$\leq \sum_{t=1}^{T} g_t(\mathbf{x}_t) - \sum_{t=1}^{T} g_t(\mathbf{x}_{t+1}) + \mathbf{E}[g_0(\mathbf{x}^\star) - g_0(\mathbf{x}_1)]$$

$$\leq \sum_{t=1}^{T} \nabla_t(\mathbf{x}_t - \mathbf{x}_{t+1}) + \frac{1}{\eta}\mathbf{E}[\|\mathbf{n}\|^*\|\mathbf{x}^\star - \mathbf{x}_1\|] \quad \text{Cauchy-Schwarz 不等式}$$

$$\leq \sum_{t=1}^{T} \nabla_t(\mathbf{x}_t - \mathbf{x}_{t+1}) + \frac{1}{\eta}\sigma D$$

故，

$$\sum_{t=1}^{T} f_t(\mathbf{x}_t) - \sum_{t=1}^{T} f_t(\mathbf{x}^\star)$$

$$\leq \sum_{t=1}^{T} \nabla_t^\top(\mathbf{x}_t - \mathbf{x}^*)$$

$$\leq \sum_{t=1}^{T} \nabla_t^\top(\mathbf{x}_t - \mathbf{x}_{t+1}) + \frac{1}{\eta}\sigma D \qquad \text{见上面不等式}$$

$$\leq G^* \sum_{t=1}^{T} \|\mathbf{x}_t - \mathbf{x}_{t+1}\| + \frac{1}{\eta}\sigma D \quad \text{Cauchy-Schwarz 不等式} \quad (5.5)$$

现在证明$\|\mathbf{x}_t - \mathbf{x}_{t+1}\| = O(\eta)$。令

$$h_t(\mathbf{n}) = \arg\min_{\mathbf{x} \in \mathcal{K}} \left\{ \eta \sum_{s=1}^{t-1} \nabla_s^\top \mathbf{x} + \mathbf{n}^\top \mathbf{x} \right\}$$

因此$\mathbf{x}_t = \mathbf{E}_{\mathbf{n} \sim \mathcal{D}}[h_t(\mathbf{n})]$。回顾$\mathcal{D}(\mathbf{n})$表示概率密度函数$\mathcal{D}$在$\mathbf{n} \in \mathbb{R}^n$的值，可记作：

$$\mathbf{x}_t = \int_{\mathbf{n} \in \mathbb{R}^n} h_t(\mathbf{n})\mathcal{D}(\mathbf{n})d\mathbf{n}$$

及

$$\mathbf{x}_{t+1} = \int_{\mathbf{n} \in \mathbb{R}^n} h_t(\mathbf{n} + \eta\nabla_t)\mathcal{D}(\mathbf{n})d\mathbf{n} = \int_{\mathbf{n} \in \mathbb{R}^n} h_t(\mathbf{n})\mathcal{D}(\mathbf{n} - \eta\nabla_t)d\mathbf{n}$$

注意，$\mathbf{x}_t$，$\mathbf{x}_{t+1}$可能互相依赖。然而，根据期望的线性性，有

$$\|\mathbf{x}_t - \mathbf{x}_{t+1}\|$$

$$= \left\| \int_{\mathbf{n} \in \mathbb{R}^n} (h_t(\mathbf{n}) - h_t(\mathbf{n} + \eta\nabla_t))\mathcal{D}(\mathbf{n})d\mathbf{n} \right\|$$

$$= \left\| \int_{\mathbf{n} \in \mathbb{R}^n} h_t(\mathbf{n})(\mathcal{D}(\mathbf{n}) - \mathcal{D}(\mathbf{n} - \eta\nabla_t))d\mathbf{n} \right\|$$

$$= \left\| \int_{\mathbf{n} \in \mathbb{R}^n} (h_t(\mathbf{n}) - h_t(\mathbf{0}))(\mathcal{D}(\mathbf{n}) - \mathcal{D}(\mathbf{n} - \eta\nabla_t))d\mathbf{n} \right\|$$

$$\leq \int_{\mathbf{n} \in \mathbb{R}^n} \|h_t(\mathbf{n}) - h_t(\mathbf{0})\| |\mathcal{D}(\mathbf{n}) - \mathcal{D}(\mathbf{n} - \eta\nabla_t)| d\mathbf{n}$$

$$\leq D \int_{\mathbf{n} \in \mathbb{R}^n} |\mathcal{D}(\mathbf{n}) - \mathcal{D}(\mathbf{n} - \eta\nabla_t)| d\mathbf{n} \quad 因为\|\mathbf{x}_t - h_t(\mathbf{0})\| \leq D$$

$$\leq DL \cdot \eta\|\nabla_t\|^* \leq \eta DLG^* \qquad 因为\mathcal{D}是(\sigma, L)稳定的$$

将这个界代回式 (5.6)，有

$$\sum_{t=1}^T f_t(\mathbf{x}_t) - \sum_{t=1}^T f_t(\mathbf{x}^\star) \leq \eta LDG^{*2}T + \frac{1}{\eta}\sigma D$$

当选定 $\mathcal{D}$ 为单位超立方体 $[0,1]^n$ 上的均匀分布，其参数 $\sigma_2 \leq \sqrt{n}$ 且对 Euclidean 范数有 $L_2 \leq 1$，η 的最优选择给出的遗憾界为 $DGn^{1/4}\sqrt{T}$。这一结论比定理 3.1 中在线梯度下降算法的遗憾界差一个因子 $n^{1/4}$。对于特定的决策集 $\mathcal{K}$，更好地选择分布 $\mathcal{D}$ 将得出近似最优遗憾界。

5.5.2　线性代价函数扰动

在研究随机正则化时，线性代价函数 $f_t(\mathbf{x}) = \mathbf{g}_t^\top \mathbf{x}$ 特别受关注。记

$$w_t(\mathbf{n}) = \arg\min_{\mathbf{x} \in \mathcal{K}} \left\{ \eta \sum_{s=1}^{t} \mathbf{g}_s^\top \mathbf{x} + \mathbf{n}^\top \mathbf{x} \right\}$$

根据期望的线性性，有

$$f_t(\mathbf{x}_t) = f_t(\mathop{\mathbf{E}}_{\mathbf{n}\sim\mathcal{D}}[w_t(\mathbf{n})]) = \mathop{\mathbf{E}}_{\mathbf{n}\sim\mathcal{D}}[f_t(w_t(\mathbf{n}))]$$

因此，不需要精确计算 $\mathbf{x}_t$，只要抽样得到一个向量 $\mathbf{n}_0 \sim \mathcal{D}$，并用它计算 $\hat{\mathbf{x}}_t = w_t(\mathbf{n}_0)$，如算法 5.5 所示。

算法 5.5　线性损失函数 FPL

1: 输入：$\eta > 0$，$\mathbb{R}^n$ 上分布 $\mathcal{D}$，决策集 $\mathcal{K} \subseteq \mathbb{R}^n$

2: 采样 $\mathbf{n}_0 \sim \mathcal{D}$。令 $\hat{\mathbf{x}}_1 \in \arg\min_{\mathbf{x} \in \mathcal{K}}\{-\mathbf{n}_0^\top \mathbf{x}\}$

3: **for** t=1 至 T **do**

4:　　预测 $\hat{\mathbf{x}}_t$

5:　　观测线性损失函数，计算损失 $\mathbf{g}_t^\top \mathbf{x}_t$

6:　　更新

$$\hat{\mathbf{x}}_t = \arg\min_{\mathbf{x}\in\mathcal{K}} \left\{ \eta \sum_{s=1}^{t-1} \mathbf{g}_s^\top \mathbf{x} + \mathbf{n}_0^\top \mathbf{x} \right\}$$

7: **end for**

根据上面的讨论，随机变量 $\hat{\mathbf{x}}_t$ 的期望遗憾与 $\mathbf{x}_t$ 的相同。由此得到推论 5.2。

推论 5.2

$$\mathop{\mathbf{E}}_{\mathbf{n}_0 \sim \mathcal{D}} \left[\sum_{t=1}^{T} f_t(\hat{\mathbf{x}}_t) - \sum_{t=1}^{T} f_t(\mathbf{x}^\star) \right] \leq \eta LDG^{*2}T + \frac{1}{\eta}\sigma D$$

这个算法的主要优势在计算上：利用决策集 $\mathcal{K}$ 上的单个线性优化步 (甚至不需要是凸的！)，得到近似最优期望遗憾界。

5.5.3 专家建议的FPL算法

一个有趣的特例 (事实上也是在做决策时首次使用扰动) 是在 n 维单位单纯形上定义的代价界为 1 的非负代价函数，或在第 1 章中讨论的专家建议问题。

将算法 5.5 应用于带指数分布噪声的概率单纯形被称为由专家建议的预测的 FPL，参见算法 5.6。

算法 5.6 专家建议预测的 FPL

1：输入：$\eta > 0$
2：抽取 n 指数分布变量 $\mathbf{n}(i) \sim e^{-\eta x}$
3：令 $\mathbf{x}_1 = \arg\min_{\mathbf{e}_i \in \Delta_n}\{-\mathbf{e}_i^\top \mathbf{n}\}$
4：**for** $t=1$ 至 T **do**
5： 利用专家 i_t 预测，使得 $\hat{\mathbf{x}}_t = \mathbf{e}_{i_t}$
6： 观测损失向量并计算损失 $\mathbf{g}_t^\top \hat{\mathbf{x}}_t = \mathbf{g}_t(i_t)$
7： 更新 (不失一般性，选定 $\hat{\mathbf{x}}_{t+1}$ 为一个顶点)

$$\hat{\mathbf{x}}_{t+1} = \arg\min_{\mathbf{x} \in \Delta_n}\left\{\sum_{s=1}^{t}\mathbf{g}_s^\top \mathbf{x} - \mathbf{n}^\top \mathbf{x}\right\}$$

8：**end for**

注意，选定的扰动服从单边负指数分布，即 $\mathbf{n}(i) \sim e^{-\eta x}$，或更准确地说

$$\Pr[\mathbf{n}(i) \leq x] = 1 - e^{-\eta x} \qquad \forall x \geq 0$$

推论 5.2 给出了此种情形的一个次优遗憾界，故此处给出另外一种

分析，给出了与定理 5.4 至多相差常数的紧界。

定理 5.4　算法 5.6 输出一系列预测 $\hat{\mathbf{x}}_1, ..., \hat{\mathbf{x}}_T \in \Delta_n$ 满足

$$(1-\eta)\,\mathbf{E}\left[\sum_t \mathbf{g}_t^\top \hat{\mathbf{x}}_t\right] \leq \min_{\mathbf{x}^\star \in \Delta_n} \sum_t \mathbf{g}_t^\top \mathbf{x}^\star + \frac{4\log n}{\eta}$$

注意，作为定理 5.4 的一个特例，选定 $\eta = \sqrt{\frac{\log n}{T}}$ 可得遗憾界

$$\text{Regret}_T = O(\sqrt{T \log n})$$

它在常数因子视角下与定理 1.3 中保证的 Hedge 算法的遗憾界等价。

证明　使用与本章开头相同的分析技术：令 $\mathbf{g}_0 = -\mathbf{n}$。将引理 5.2 应用于函数 $\{f_t(\mathbf{x}) = \mathbf{g}_t^\top \mathbf{x}\}$，可得

$$\mathbf{E}\left[\sum_{t=0}^T \mathbf{g}_t^\top \mathbf{u}\right] \geq \mathbf{E}\left[\sum_{t=0}^T \mathbf{g}_t^\top \hat{\mathbf{x}}_{t+1}\right]$$

因此，

$$\begin{aligned}
\mathbf{E}\left[\sum_{t=1}^T \mathbf{g}_t^\top (\hat{\mathbf{x}}_t - \mathbf{x}^\star)\right] &\leq \mathbf{E}\left[\sum_{t=1}^T \mathbf{g}_t^\top (\hat{\mathbf{x}}_t - \hat{\mathbf{x}}_{t+1})\right] + \mathbf{E}[\mathbf{g}_0^\top (\mathbf{x}^\star - \mathbf{x}_1)] \\
&\leq \mathbf{E}\left[\sum_{t=1}^T \mathbf{g}_t^\top (\hat{\mathbf{x}}_t - \hat{\mathbf{x}}_{t+1})\right] + \mathbf{E}[\|\mathbf{n}\|_\infty \|\mathbf{x}^\star - \mathbf{x}_1\|_1] \\
&\leq \sum_{t=1}^T \mathbf{E}\left[\mathbf{g}_t^\top (\hat{\mathbf{x}}_t - \hat{\mathbf{x}}_{t+1}) \mid \hat{\mathbf{x}}_t\right] + \frac{4}{\eta}\log n \qquad (5.6)
\end{aligned}$$

其中第二个不等式由广义 Cauchy-Schwarz 不等式可得，最后一个不等式成立是因为 (见 5.8 节)

$$\mathbf{E}_{\mathbf{n} \sim \mathcal{D}}[\|\mathbf{n}\|_\infty] \leq \frac{2\log n}{\eta}$$

下面求 $\mathbf{E}[\mathbf{g}_t^\top (\hat{\mathbf{x}}_t - \hat{\mathbf{x}}_{t+1}) | \hat{\mathbf{x}}_t]$ 的界，它通常是由 $\hat{\mathbf{x}}_t$ 不等于 $\hat{\mathbf{x}}_{t+1}$ 的概率乘以 $\mathbf{g}_t$ 的最大值 (即其 ℓ_∞ 范数) 所界定的：

$$\mathbf{E}[\mathbf{g}_t^\top (\hat{\mathbf{x}}_t - \hat{\mathbf{x}}_{t+1}) \mid \hat{\mathbf{x}}_t] \leq \|\mathbf{g}_t\|_\infty \cdot \Pr[\hat{\mathbf{x}}_t \neq \hat{\mathbf{x}}_{t+1} \mid \hat{\mathbf{x}}_t] \leq \Pr[\hat{\mathbf{x}}_t \neq \hat{\mathbf{x}}_{t+1} \mid \hat{\mathbf{x}}_t]$$

上式根据损失函数的界为 1 的假设可得 $\|\mathbf{g}_t\|_\infty \leq 1$。

为了求得后者的界，注意 $\hat{\mathbf{x}}_t = \mathbf{e}_{i_t}$ 在 t 时是领先者的概率就是对某些依赖于到目前为止整个代价序列的值 v 满足 $-\mathbf{n}(i_t) > v$ 的概率。另外，给定 $\hat{\mathbf{x}}_t$，如果 $-\mathbf{n}(i_t) > v + \mathbf{g}_t(i_t)$，则 $\hat{\mathbf{x}}_{t+1} = \hat{\mathbf{x}}_t$ 仍为领先者，因为它作为领先者的优势超过它将承受的代价。因此

$$\Pr[\hat{\mathbf{x}}_t \neq \hat{\mathbf{x}}_{t+1} \mid \hat{\mathbf{x}}_t] = 1 - \Pr[-\mathbf{n}(i_t) > v + \mathbf{g}_t(i_t) \mid -\mathbf{n}(i_t) > v]$$

$$= 1 - \frac{\int_{v+\mathbf{g}_t(i_t)}^{\infty} \eta e^{-\eta x}}{\int_v^{\infty} \eta e^{-\eta x}}$$

$$= 1 - e^{-\eta \mathbf{g}_t(i_t)}$$

$$\leq \eta \mathbf{g}_t(i_t) = \eta \mathbf{g}_t^\top \hat{\mathbf{x}}_t$$

将这个界代回式 (5.6)，有

$$\mathbf{E}[\sum_{t=1}^{T} \mathbf{g}_t^\top (\hat{\mathbf{x}}_t - \mathbf{x}^\star)] \leq \eta \sum_t \mathbf{E}_t[\mathbf{g}_t^\top \hat{\mathbf{x}}_t] + \frac{4 \log n}{\eta}$$

化简即得定理。

5.6 自适应梯度下降

到目前为止已经介绍了正则化作为推导 OCO 算法的通用方法。本章的主要定理，即定理 5.1，给出了对任意强凸正则化项 RFTL 算法的遗憾界

$$\mathrm{Regret}_T \leq \max_{\mathbf{u} \in \mathcal{K}} \sqrt{2 \sum_t \|\nabla_t\|_t^{*2} B_R(\mathbf{u} \| \mathbf{x}_1)} \tag{5.7}$$

此外，已经看到如何推导在线梯度下降和作为 RFTL 方法特例的乘法权重法。但是，除了这两个基本算法之外，还有其他值得关注的特殊情况需要进行常见和抽象的处理吗？

除了 Euclidean 与熵正则化及它们的矩阵形式外，还有几个惊人且有趣的例子。[1] 不过，在本章中，将对抽象的正则化处理方式给出一些

1　其中一个例子是自和谐势垒正则化，将在第 6 章探讨。

解释。

　　做这些处理是由以下问题引起的：到目前为止，R 被认定为一个强凸函数，但是应该选择哪个强凸函数进行最小化遗憾呢？这是一个深刻而困难的问题，很早以前，优化理论文献中就一直在考虑这个问题。当然，最优正则化应该同时依赖于底层决策集的凸性与实际的代价函数（见 5.8 节，了解依赖于凸决策集的正则化函数的自然选择）。

　　在本书中，应该如同处理其他优化问题一样处理这一问题：应当在线学习最优正则化！也就是说，正则化项能适应代价函数序列，且事后看来在某种意义上是最优的正则化项。这就产生了 AdaGrad(Adaptive subGradient，自适应次梯度) 算法 5.7，该算法明确地优化了第 5 行中的正则化选择来最小化梯度范数，这是式 (5.7) 的主要表达式。

算法 5.7　　AdaGrad

1：输入：参数 η，$\mathbf{x}_1 \in \mathcal{K}$

2：初始化：$G_0 = 0$

3：**for** $t=1$ 至 T **do**

4：　　预测 $\mathbf{x}_t$，计算损失 $f_t(\mathbf{x}_t)$

5：　　更新 $G_t = G_{t-1} + \nabla_t \nabla_t^\top$ 并定义

[对角线版] $\quad H_t = \underset{H \succeq 0, H=\mathbf{diag}(H)}{\arg\min} \left\{ G_t \bullet H^{-1} + \mathbf{Tr}(H) \right\} = \mathbf{diag}(G_t^{1/2})$

[全矩阵版] $\qquad\qquad H_t = \underset{H \succeq \mathbf{0}}{\arg\min} \left\{ G_t \bullet H^{-1} + \mathbf{Tr}(H) \right\} = G_t^{1/2}$

6：　　更新

$$\mathbf{y}_{t+1} = \mathbf{x}_t - \eta H_t^{-1} \nabla_t$$

$$\mathbf{x}_{t+1} = \underset{\mathbf{x} \in \mathcal{K}}{\arg\min} \|\mathbf{y}_{t+1} - \mathbf{x}\|_{H_t}^2$$

7：**end for**

　　AdaGrad 有两个版本：对角线版和全矩阵版。对角线版的方法在实现在线梯度下降时特别有效，计算开销可以忽略不计。在本章的算法定义中，A^{-1} 表示矩阵 A 的 Moore-Penrose 伪逆。

第 5 行的计算找到了正则化矩阵 H,它最小化了来自半正定锥内的梯度的范数,无论是否有对角约束。这与优化下面两个自然矩阵集密切相关:

(1) $\mathcal{H}_1 = \{H = \mathbf{diag}(H), H \succeq 0 \,,\, \mathbf{Tr}(H) \leq 1\}$

(2) $\mathcal{H}_2 = \{H \succeq 0 \,,\, \mathbf{Tr}(H) \leq 1\}$

这样得到的正则化矩阵可以证明是最优的,如引理 5.4 所示。

引理 5.4　对于 $\mathcal{H}_i \in \{\mathcal{H}_1, \mathcal{H}_2\}$ 及其对应的 H_T,有

$$\sqrt{\min_{H \in \mathcal{H}_i} \sum_{t=1}^{T} \|\nabla_t\|_H^{*2}} = \mathbf{Tr}(H_T)$$

利用引理 5.4,证明 AdaGrad 算法的遗憾值最多比所有 Hessian 矩阵固定且属于 $\mathcal{H}_i$ 类的正则化 RFTL 算法的最小遗憾值大一个常数因子。此外,对于某些梯度几何量,对角线方法的误差可能比在线梯度下降法的误差小一个因子 $\sqrt{d}$。AdaGrad 的遗憾界由定理 5.5 形式化描述。

定理 5.5　令 $\{\mathbf{x}_t\}$ 由算法 5.7 及参数 $\eta = D($ 全矩阵 $)$ 或 $\eta = D_\infty$ (对角线) 定义。那么对于任意 $\mathbf{x}^\star \in \mathcal{K}$,有

$$\mathrm{Regret}_T(\text{AdaGrad-对角线}) \leq \sqrt{2} D_\infty \sqrt{\min_{H \in \mathcal{H}_1} \sum_t \|\nabla_t\|_H^{*2}}$$

$$\mathrm{Regret}_T(\text{AdaGrad-全矩阵}) \leq \sqrt{2} D \sqrt{\min_{H \in \mathcal{H}_2} \sum_t \|\nabla_t\|_H^{*2}}$$

在进行分析之前,考虑何时 AdaGrad 的遗憾界较在线梯度下降算法有所提升。一种情况是 $\mathcal{K}$ 是 d 维 Euclidean 空间中的单位立方体。这个凸集有 $D_\infty = 1$ 且 $D = \sqrt{d}$。引理 5.4、定理 5.5、定理 5.1 表明对角线版 AdaGrad 和在线梯度下降的遗憾界为

$$\mathrm{Regret}_T(\text{AdaGrad-对角线}) \leq \sqrt{2} \mathbf{Tr}(\mathbf{diag}(G_T)^{1/2})$$

$$\mathrm{Regret}_T(\text{在线梯度下降}) \leq \sqrt{2d} \sqrt{\sum_t \|\nabla_t\|^2} = \sqrt{2d \mathbf{Tr}(\mathbf{diag}(G_T))}$$

　　这两项之间的关系依赖于矩阵 $\mathbf{diag}(G_T)$。如果该矩阵是稀疏矩阵，那么 AdaGrad 的遗憾上界不超过一个 $\sqrt{d}$ 因子。对于其他凸体，如 Euclidean 球，当矩阵 G_T 是稠密矩阵时，在线梯度下降的遗憾下界为一个 $\sqrt{d}$ 因子。

自适应正则化分析

　　下面证明定理 5.5。第一个分量是引理 5.5，它将 RFTL 分析推广至变化的正则化。

引理 5.5　令 $H_0 = \arg\min_{H \succeq 0}\{\mathbf{Tr}(H)\} = 0$，有

$$\mathrm{Regret}_T(GenAdaReg) \leq \frac{\eta}{2}(G_T \bullet H_T^{-1} + \mathbf{Tr}(H_T)) + \frac{1}{2\eta}\sum_{t=0}^{T}\|\mathbf{x}_t - \mathbf{x}^\star\|_{H_t - H_{t-1}}^2$$

证明　根据定义 $\mathbf{y}_{t+1}$，有

$$\mathbf{y}_{t+1} - \mathbf{x}^\star = \mathbf{x}_t - \mathbf{x}^\star - \eta H_t^{-1}\nabla_t$$

$$H_t(\mathbf{y}_{t+1} - \mathbf{x}^\star) = H_t(\mathbf{x}_t - \mathbf{x}^\star) - \eta\nabla_t$$

将第一个等式的转置乘以第二个等式，可得

$$\begin{aligned}(\mathbf{y}_{t+1} - \mathbf{x}^\star)^\top H_t(\mathbf{y}_{t+1} - \mathbf{x}^\star) = \\ (\mathbf{x}_t - \mathbf{x}^\star)^\top H_t(\mathbf{x}_t - \mathbf{x}^\star) - 2\eta\nabla_t^\top(\mathbf{x}_t - \mathbf{x}^\star) + \eta^2\nabla_t^\top H_t^{-1}\nabla_t\end{aligned} \tag{5.8}$$

因为 $\mathbf{x}_{t+1}$ 是 $\mathbf{y}_{t+1}$ 由 H_t 诱导的范数下的投影，所以有 (见 2.1.1 节)

$$(\mathbf{y}_{t+1} - \mathbf{x}^\star)^\top H_t(\mathbf{y}_{t+1} - \mathbf{x}^\star) = \|\mathbf{y}_{t+1} - \mathbf{x}^\star\|_{H_t}^2 \geq \|\mathbf{x}_{t+1} - \mathbf{x}^\star\|_{H_t}^2$$

这个不等式是在分析在线梯度下降 [见 3.1 节式 (3.2)] 时使用广义投影而不是标准投影的原因。这个事实由式 (5.8) 给出

$$\nabla_t^\top(\mathbf{x}_t - \mathbf{x}^\star) \leq \frac{\eta}{2}\nabla_t^\top H_t^{-1}\nabla_t + \frac{1}{2\eta}\left(\|\mathbf{x}_t - \mathbf{x}^\star\|_{H_t}^2 - \|\mathbf{x}_{t+1} - \mathbf{x}^\star\|_{H_t}^2\right)$$

现在，从 $t=1$ 到 T 求和可得

$$\sum_{t=1}^{T} \nabla_t^\top (\mathbf{x}_t - \mathbf{x}^\star) \leq \frac{\eta}{2} \sum_{t=1}^{T} \nabla_t^\top H_t^{-1} \nabla_t + \frac{1}{2\eta} \|\mathbf{x}_1 - \mathbf{x}^\star\|_{H_0}^2 \qquad (5.9)$$

$$+ \frac{1}{2\eta} \sum_{t=1}^{T} \left(\|\mathbf{x}_t - \mathbf{x}^\star\|_{H_t}^2 - \|\mathbf{x}_t - \mathbf{x}^\star\|_{H_{t-1}}^2 \right) - \frac{1}{2\eta} \|\mathbf{x}_{T+1} - \mathbf{x}^\star\|_H^2$$

$$\leq \frac{\eta}{2} \sum_{t=1}^{T} \nabla_t^\top H_t^{-1} \nabla_t + \frac{1}{2\eta} \sum_{t=0}^{T} \|\mathbf{x}_t - \mathbf{x}^\star\|_{H_t - H_{t-1}}^2$$

最后一个不等式使用了定义 $H_0 = 0$。下面推导第一项的界。最后，定义函数

$$\Psi_t(H) = \nabla_t \nabla_t^\top \bullet H^{-1}, \ \Psi_0(H) = \mathbf{Tr}(H)$$

通过定义，H_t 是 $\sum_{i=0}^{t} \Psi_i$ 在 $\mathcal{H}$ 上的极小值点。因此，利用引理 5.2，有

$$\sum_{t=1}^{T} \nabla_t^\top H_t^{-1} \nabla_t = \sum_{t=1}^{T} \Psi_t(H_t)$$

$$\leq \sum_{t=1}^{T} \Psi_t(H_T) + \Psi_0(H_T) - \Psi_0(H_0)$$

$$= G_T \bullet H_T^{-1} + \mathbf{Tr}(H_T)$$

现在继续证明定理 5.5。

定理 5.5 的证明 利用引理 5.6 和引理 5.7 找到引理 5.5 两部分的界。

引理 5.6 对于 AdaGrad 的对角线和全矩阵版本，下式成立：

$$G_T \bullet H_T^{-1} \leq \mathbf{Tr}(H_T)$$

引理 5.7 令 D_∞ 为 $\mathcal{K}$ 的 ℓ_∞ 直径，D 为 Euclidean 直径。那么下面的界成立：

对角线 AdaGrad：
$$\sum_{t=1}^{T} \|\mathbf{x}_t - \mathbf{x}^\star\|_{H_t - H_{t-1}}^2 \leq D_\infty^2 \mathbf{Tr}(H_T)$$

全矩阵 AdaGrad：
$$\sum_{t=1}^{T} \|\mathbf{x}_t - \mathbf{x}^\star\|_{H_t - H_{t-1}}^2 \leq D^2 \mathbf{Tr}(H_T)$$

现在组合引理 5.5、引理 5.6、引理 5.7，并适当利用 $\eta = \frac{D}{\sqrt{2}}$ 或 $\eta = \frac{D_\infty}{\sqrt{2}}$，定理得证。

接下来完成引理 5.6 和引理 5.7 的证明。

引理 5.6 的证明　在算法 5.7 的第 5 行中选择 H_t 的优化问题有一个明确的解，在下面的命题 (命题 5.1) 中给出 (其证明留作练习，见 5.8 节)。

命题 5.1　考虑下面优化问题，对于 $A \succcurlyeq 0$，有

$$\min_{X \succeq 0, \mathbf{Tr}(X) \leq 1} \left\{ X^{-1} \bullet A \right\} \qquad \min_{X \succeq 0} \left\{ A \bullet X^{-1} + \mathbf{Tr}(X) \right\}$$

然后分别在 $X = \frac{A^{1/2}}{\mathbf{Tr}(A^{1/2})}$ 和 $X = A^{1/2}$ 处得到这些问题的全局最优。对于对角线矩阵集合，全局最优分别在 $X = \frac{\mathbf{diag}(A)^{1/2}}{\mathbf{Tr}(A^{1/2})}$ 和 $X = \mathbf{diag}(A)^{1/2}$ 处取得。

这个命题的一个直接推论——推论 5.3 如下。

推论 5.3

$$\sqrt{\min_{H \in \mathcal{H}} \sum_t \|\nabla_t\|_H^{*2}} = \sqrt{\min_{H \in \mathcal{H}} \mathbf{Tr}(H^{-1} \sum_t \nabla_t \nabla_t^\top)}$$

$$= \mathbf{Tr}\sqrt{\sum_t \nabla_t \nabla_t^\top} = \mathbf{Tr}(H_T)$$

引理 5.5 中剩余一项的表达式 $\sum_{t=0}^{T} \|\mathbf{x}_t - \mathbf{x}^\star\|_{H_t - H_{t-1}}^2$，下面求它的界。

引理 5.7 的证明　通过定义 $G_t \succcurlyeq G_{t-1}$，然后使用命题 5.1 和算法 5.7 第 5 行中 H_t 的定义，有 $H_t = \mathbf{diag}(G_t^{1/2}) \succcurlyeq \mathbf{diag}(G_{t-1}^{1/2}) = H_{t-1}$。因为对角线矩阵 H 满足 $\mathbf{x}^\top H \mathbf{x} \leq \|\mathbf{x}\|_\infty^2 \mathbf{Tr}(H)$，有

$$\sum_{t=1}^{T} (\mathbf{x}_t - \mathbf{x}^\star)^\top (H_t - H_{t-1})(\mathbf{x}_t - \mathbf{x}^\star)$$

$$\leq \sum_{t=1}^{T} D_\infty^2 \mathbf{Tr}(H_t - H_{t-1}) \qquad\qquad \text{对角线结构,} \ H_t - H_{t-1} \succeq 0$$

$$= D_\infty^2 \sum_{t=1}^{T} (\mathbf{Tr}(H_t) - \mathbf{Tr}(H_{t-1})) \qquad\qquad \text{轨迹的线性性}$$

$$\leq D_\infty^2 \mathbf{Tr}(H_T)$$

接下来，考虑全矩阵版本。定义 $G_t \succcurlyeq G_{t-1}$，因此 $H_t \succcurlyeq H_{t-1}$。故

$$\sum_{t=1}^{T} (\mathbf{x}_t - \mathbf{x}^\star)^\top (H_t - H_{t-1})(\mathbf{x}_t - \mathbf{x}^\star)$$

$$\leq \sum_{t=1}^{T} D^2 \lambda_{\max}(H_t - H_{t-1})$$

$$\leq D^2 \sum_{t=1}^{T} \mathbf{Tr}(H_t - H_{t-1}) \qquad\qquad A \succcurlyeq 0 \Rightarrow \lambda_{\max}(A) \leq \mathbf{Tr}(A)$$

$$= D^2 \sum_{t=1}^{T} (\mathbf{Tr}(H_t) - \mathbf{Tr}(H_{t-1})) \qquad\qquad \text{轨迹的线性性}$$

$$\leq D^2 \mathbf{Tr}(H_T)$$

5.7　文献评述

在在线学习的语境中正则化最早在 Grove et al.(2001) 和 Kivinen and Warmuth(2001) 中做了研究。极具影响力的文章 Kalai and Vempala(2005) 中提出了"跟随领导者"(Follow the Leader，FTL) 术语并引入了很多在 OCO 中使用的技术。后来的文章研究了将随机扰动作为正则化项并分析了 FPL 算法，来源于多年被忽视的早期研究 Hannan(1957)。

在 OCO 语境中，术语"正则化跟随领导者"(RFTL) 在 (Shalev-Shwartz and Singer, 2007；Shalev-Shwartz, 2007) 中被创造出来。几乎在同一时间，一种本质上相同的算法在 Abernethy et al.(2008) 中被称为"RFTL"。RFTL 和在线镜像下降的等价性在 Hazan and Kale(2008) 中被观察到。AdaGrad 算法在 Duchi et al.(2010, 2011) 中被提出，它的对角线版本也在 McMahan and Streeter(2010) 中被发现。本章对 AdaGrad 的分析源于 Gupta et al.(2017)。

由于在训练深度神经网络方面的成功，自适应正则化受到了极大的关注，特别是结合动量和其他启发式方法的自适应算法的开发，其

中 最 流 行 的 是 AdaGrad、RMSprop(Tieleman and Hinton, 2012) 和 Adam(Kingma and Ba, 2014)。有关深度学习优化的调研，参阅综述 Goodfellow et al.(2016) 的相关文本。

随机扰动和确定性正则化之间有很强的联系。对于某些特殊情况，添加随机化可以被认为是确定性强凸正则化的特殊情况，见 (Abernethy et al. 2014；Abernethy, Lee, and Tewari 2016)。

5.8　练习

1. 本练习涉及对偶范数的概念。

(a) 证明 $A \succ 0$ 给出的矩阵范数的对偶范数与 A^{-1} 的矩阵范数一致。

(b) 证明任意范数的广义 Cauchy-Schwarz 不等式，即

$$\mathbf{x}^\top \mathbf{y} \le \|\mathbf{x}\|\|\mathbf{y}\|^*$$

2. 证明 Bregman 散度与介值点的局部范数相等，即

$$B_R(\mathbf{x}\|\mathbf{y}) = \frac{1}{2}\|\mathbf{x} - \mathbf{y}\|_{\mathbf{z}}^2$$

其中 $\mathbf{z} \in [\mathbf{x}, \mathbf{y}]$，且区间 $[\mathbf{x}, \mathbf{y}]$ 定义为

$$[\mathbf{x}, \mathbf{y}] = \{\mathbf{v} = \alpha\mathbf{x} + (1-\alpha)\mathbf{y}, \ \alpha \in [0,1]\}$$

3. 令 $R(\mathbf{x}) = \frac{1}{2}\|\mathbf{x} - \mathbf{x}_0\|^2$ 为 (平移后)Euclidean 正则化函数。证明相应的 Bregman 散度是 Euclidean 度量。结论为相对于该散度的投影是标准的 Euclidean 投影。

4. 证明敏捷版本和惰性版本的在线镜像下降元算法不同，因为它们可以对相同的设置和代价函数产生不同的预测。在 Euclidean 式正则化函数的情况下，决策集是 Euclidean 球。

5. 本练习的决策集是 n 维单纯形。令 $R(\mathbf{x}) = \mathbf{x}\log\mathbf{x}$ 为负熵正则化函数。证明相应的 Bregman 散度是相对熵，并证明 n 维单纯形关于该函数的直径 D_R 的界为 $\log n$。证明关于该散度在单纯形上的投影等于按 ℓ_1 范数的缩放。

6. 证明对单位超立方体 $[0,1]^n$ 上的均匀分布 $\mathcal{D}$，5.5 节中定义的参

数 σ, L 相对于 Euclidean 范数的界为 $\sigma < \sqrt{n}$, $L \leq 1$。

7. 令 $\mathcal{D}$ 为一个单边多维指数分布，使得向量 $\mathbf{n} \sim \mathcal{D}$ 的每个坐标都满足指数分布

$$\Pr[\mathbf{n}_i \leq x] = 1 - e^{-x} \qquad \forall i \in [n],\ x \geq 0$$

证明

$$\mathop{\mathbf{E}}_{\mathbf{n} \sim \mathcal{D}}[\|\mathbf{n}\|_\infty] \leq 2 \log n$$

(提示：使用 Chernoff 界)

附加题：证明 $\mathbf{E}_{\mathbf{n} \sim \mathcal{D}}[\|\mathbf{n}\|_\infty] = H_n$，其中 H_n 是第 n 个调和数。

8. * 如果 $\mathbf{x} \in \mathcal{K}$ 意味着 $-\mathbf{x} \in \mathcal{K}$，则集合 $\mathcal{K} \subseteq \mathbb{R}^d$ 是对称的。对称集产生了范数的自然定义。定义函数 $\|\cdot\|_\mathcal{K} : \mathbb{R}^d \mapsto \mathbb{R}$ 为

$$\|\mathbf{x}\|_\mathcal{K} = \arg\min_{\alpha > 0} \left\{ \frac{1}{\alpha} \mathbf{x} \in \mathcal{K} \right\}$$

证明当且仅当 $\mathcal{K}$ 是凸的，$\|\cdot\|_\mathcal{K}$ 为范数。

9. ** 证明以 $\|\cdot\|_\mathcal{K}$ 为正则化项的 RFTL 算法的遗憾下界为 $\Omega(T)$。

10. * 证明对于正定矩阵 $A \succeq B \succ 0$，有

(a) $A^{1/2} \succeq B^{1/2}$

(b) $2\mathbf{Tr}((A-B)^{1/2}) + \mathbf{Tr}(A^{-1/2}B) \leq 2\mathbf{Tr}(A^{1/2})$

11. * 当 $A \succ 0$ 时考虑如下最小化问题：

$$\min_X \quad \mathbf{Tr}(X^{-1}A)$$

$$\text{满足} \quad X \succ 0$$

$$\mathbf{Tr}(X) \leq 1$$

证明其极小值点由 $X = A^{1/2}/\mathbf{Tr}(A^{1/2})$ 给出，得到的极小值为 $\mathbf{Tr}^2(A^{1/2})$。

第 *6* 章

赌博机凸优化

在很多现实世界的场景中，决策者可得的反馈是有噪声的、部分的或不完全的。数据网络中的在线路由就是这样，在这种情况下，在线决策者通过已知网络迭代地选择一条路径，损失由所选择路径的长度（时间）来衡量。在数据网络中，决策者可以测量数据包通过网络的往返时延 (Round Trip Delay, RTD)，但很少了解整个网络的拥塞模式。

另一个有用的例子是网络搜索中的在线广告放置，决策者从现有的广告池中迭代地选择一组有序的广告。奖励是由观众的反应衡量的——如果用户点击了某个广告，则根据分配给特定广告的权重生成奖励。在这种情况下，搜索引擎可以检查哪些广告被点击，但无法知道如果选择显示不同的广告，是否会被点击。

上面的例子可以很容易地在 OCO 框架中建模，其基础集合是决策的凸包。一般 OCO 模型的缺陷在于反馈；期望决策者在博弈过程中的每次迭代都能在空间的任何点上访问梯度 Oracle 是不现实的。

6.1 赌博机凸优化设置

赌博机凸优化 (Bandit Convex Optimization, BCO) 模型与在前几章中探索的一般 OCO 模型相同，唯一的区别是决策者可以得到的反馈。

更准确地说，BCO 框架可被视为一个结构化的重复博弈。该学习框架的协议如下：在迭代 t 时，在线玩家选择 $\mathbf{x}_t \in \mathcal{K}$。在做出这个选择之后，一个凸代价函数 $f_t \in \mathcal{F} : \mathcal{K} \mapsto \mathbb{R}$ 将会显示。这里，$\mathcal{F}$ 是对手可用的有界代价函数族。在线玩家的代价是在该点上的代价函数值 $f_t(\mathbf{x}_t)$。与 OCO 模型相反，OCO 模型中的决策者可以访问 $\mathcal{K}$ 上 f_t 的梯度 Oracle，在 BCO 中，**损失 $f_t(\mathbf{x}_t)$ 是迭代 t 时在线玩家唯一可用的反馈**。特别是，决策者不知道如果在迭代 t 时选择了一个不同点 $\mathbf{x} \in \mathcal{K}$ 时的损失。

与之前一样，令 T 表示博弈迭代 (即预测及其产生的损失) 的总次数。令 $\mathcal{A}$ 为一个 BCO 算法，它将特定的博弈历史映射到决策集中的一个决策。预测 $x_1, ..., x_T$ 的遗憾 $\mathcal{A}$ 可形式化定义为

$$\mathrm{Regret}_T(\mathcal{A}) = \sup_{\{f_1,...,f_T\} \subseteq \mathcal{F}} \left\{ \sum_{t=1}^T f_t(\mathbf{x}_t) - \min_{\mathbf{x} \in \mathcal{K}} \sum_{t=1}^T f_t(\mathbf{x}) \right\}$$

6.2　多臂赌博机问题

多臂赌博机 (Multiarmed Bandit，MAB) 模型是解决不确定性决策问题的经典模型。术语 MAB 现在指的是大量不同的变体和子场景，它们太大，以至于无法综述。本节讨论的可能是最简单的变体——非随机 MAB 问题——定义如下。

决策者在 n 个不同的行动 $i_t \in \{1, 2, ..., n\}$ 中迭代式做选择，同时，对手给每个动作分配范围为 $[0,1]$ 的损失值。决策者接收并观察到 i_t 的损失，而不是其他。决策者的目标是尽量减少遗憾。

毫无疑问，读者观察到这种设置与根据专家建议进行预测的设置相同，唯一的区别是决策者可获得的反馈：在专家设置中，决策者可以回顾观察所有专家的回报或损失；在 MAB 设置中，只有实际选择了的决策的损失是已知的。

将该问题显式地建模为 BCO 的特例很有意义。将决策集设为 n 个行动上所有分布的集合，即 $\mathcal{K} = \Delta_n$ 是 n 维的单纯形。损失函数为个体行动代价的线性化，即：

$$f_t(\mathbf{x}) = \ell_t^\top \mathbf{x} = \sum_{i=1}^n \ell_t(i)\mathbf{x}(i) \quad \forall \mathbf{x} \in \mathcal{K}$$

其中，$\ell_t(i)$ 为第 t 次迭代时与 i 个行动相关的损失。因此，在 BCO 模型中，代价函数为线性函数。

MAB 问题展示了探索-利用的权衡：一个有效的 (低遗憾) 算法必须探索不同动作的价值，以做出最佳决策。另一方面，在获得足够的环境信息后，合理的算法需要通过选择最佳行动来利用该行动。

实现 MAB 算法的最简单方法是将探索和利用分离。这一方法可采用如下方式：

(1) 以一定的概率探索动作空间 (即通过均匀随机地选择一个动作)。使用反馈构建对行为损失的估计。

(2) 否则，就像估算是真实的历史代价一样，使用估算来应用完全信息专家算法。

这个简单的方案已经给出了一个次线性遗憾算法，并在算法 6.1 中给出。

算法 6.1　简单 MAB 算法

1: 输入：OCO 算法 $\mathcal{A}$，参数 δ

2: **for** t=1 至 T **do**

3:　　令 b_t 为一个 Bernoulli 随机变量，取值为 1 的概率为 δ

4:　　**if** b_t=1 **then**

5:　　　　均匀随机选择 $i_t \in \{1, 2, ..., n\}$ 并执行 it

6:

7:　　　　令

$$\hat{\ell}_t(i) = \begin{cases} \frac{n}{\delta} \cdot \ell_t(i_t), & i = i_t \\ \\ 0, & \text{其他} \end{cases}$$

8:　　　　令 $\hat{f}_t(\mathbf{x}) = \hat{\ell}_t^\top \mathbf{x}$ 并更新 $\mathbf{x}_{t+1} = \mathcal{A}(\hat{f}_1, ..., \hat{f}_t)$

9:　　**else**

10:　　　　选定 $i_t \sim \mathbf{x}_t$ 并执行 i_t

11:　　　　更新 $\hat{f}_t = 0, \hat{\ell}_t = \mathbf{0}, \mathbf{x}_{t+1} = \mathbf{x}_t$

12:　　**end if**

13: **end for**

引理 6.1　算法 6.1，以 $\mathcal{A}$ 为在线梯度下降算法，保证了如下遗憾界：

$$\mathbf{E}\left[\sum_{t=1}\ell_t(i_t) - \min_i \sum_{t=1}\ell_t(i)\right] \leq O(T^{\frac{2}{3}}n^{\frac{2}{3}})$$

证明　对于算法 6.1 中定义的随机函数 $\{\hat{\ell}_t\}$，注意

1. $\mathbf{E}[\hat{\ell}_t(i)] = \Pr[b_t = 1] \cdot \Pr[i_t = i | b_t = 1] \cdot \frac{n}{\delta}\ell_t(i) = \ell_t(i)$
2. $\|\hat{\ell}_t\|_2 \leq \frac{n}{\delta} \cdot |\ell_t(i_t)| \leq \frac{n}{\delta}$

因此，简单算法的遗憾可以与估计函数上 $\mathcal{A}$ 的遗憾相关。

　　另一方面，简单 MAB 算法并不总是按照 $\mathcal{A}$ 生成的分布进行对弈：它以概率 δ 随机均匀对弈，这可能会导致在这些探索迭代中出现遗憾。设 $S_t \subseteq [T]$ 为 $b_t = 1$ 的迭代。这可以通过下面的引理得到：

引理 6.2

$$\mathbf{E}[\ell_t(i_t)] \leq \mathbf{E}[\hat{\ell}_t^\top x_t] + \delta$$

证明

$$\mathbf{E}[\ell_t(i_t)]$$
$$= \Pr[b_t = 1] \cdot \mathbf{E}[\ell_t(i_t)|b_t = 1]$$
$$+ \Pr[b_t = 0] \cdot \mathbf{E}[\ell_t(i_t)|b_t = 0]$$
$$\leq \delta + \Pr[b_t = 0] \cdot \mathbf{E}[\ell_t(i_t)|b_t = 0]$$
$$= \delta + (1-\delta)\,\mathbf{E}[\ell_t^\top \mathbf{x}_t|b_t = 0] \qquad b_t = 0 \to i_t \sim \mathbf{x}_t, \text{ 与 } l_t \text{ 独立}$$
$$\leq \delta + \mathbf{E}[\ell_t^\top \mathbf{x}_t] \qquad\qquad\qquad \text{非负随机变量}$$
$$= \delta + \mathbf{E}[\hat{\ell}_t^\top \mathbf{x}_t] \qquad\qquad\qquad \hat{\ell}_t \text{ 与 } \mathbf{x}_t \text{ 独立}$$

因此有，

$$\mathbf{E}[\text{Regret}_T]$$

$$= \mathbf{E}[\sum_{t=1}^{T} \ell_t(i_t) - \sum_{t=1}^{T} \ell_t(i^\star)]$$

$$= \mathbf{E}[\sum_{t} \ell_t(i_t) - \sum_{t} \hat{\ell}_t(i^\star)] \qquad\qquad i^\star \text{ 与 } \hat{\ell}_t \text{ 独立}$$

$$\leq \mathbf{E}[\sum_{t} \hat{\ell}_t(\mathbf{x}_t) - \min_{i} \sum_{t} \hat{\ell}_t(i)] + \delta T \qquad\qquad \text{引理 } 6.1$$

$$= \mathbf{E}[\text{Regret}_{S_T}(\mathcal{A})] + \delta \cdot T$$

$$\leq \frac{3}{2} GD\sqrt{\delta T} + \delta \cdot T \qquad\qquad \text{定理 } 3.1, \mathbf{E}[|S_T|] = \delta T$$

$$\leq 3\frac{n}{\sqrt{\delta}}\sqrt{T} + \delta \cdot T \qquad\qquad \text{对 } \Delta_n, D \leq 2, \|\hat{\ell}_t\| \leq \frac{n}{\delta}$$

$$= O(T^{\frac{2}{3}} n^{\frac{2}{3}}) \qquad\qquad \delta = n^{\frac{2}{3}} T^{-\frac{1}{3}}$$

EXP3：同时探索与利用

上一节的简单算法可以通过结合探索和利用步骤来改进。这给出了一个近似最优遗憾算法，称为 EXP3，如算法 6.2 所示。

算法 6.2　EXP3 简化版

1：输入：参数 $\varepsilon > 0$。令 $\mathbf{x}_1 = (1/n)\mathbf{1}$

2：**for** $t \in \{1, 2, ..., T\}$ **do**

3：　　选定 $i_t \sim \mathbf{x}_t$，并执行 i_t

4：　　令

$$\hat{\ell}_t(i) = \begin{cases} \frac{1}{\mathbf{x}_t(i_t)} \cdot \ell_t(i_t), & i = i_t \\\\ 0, & \text{其他} \end{cases}$$

5：　　更新 $\mathbf{y}_{t+1}(i) = \mathbf{x}_t(i)e^{-\varepsilon\ell_t(i)}$，$\mathbf{x}_{t+1} = \frac{\mathbf{y}_{t+1}}{\|\mathbf{y}_{t+1}\|_1}$

6：**end for**

与简单的 MAB 算法相反，EXP3 算法通过始终创建整个损失向量的无偏估计器来探索每次迭代。这导致向量 $\hat{\ell}$ 的大小可能很大，并且用于在线梯度下降时的梯度界也很大。然而，较大的向量以较低的概率出现 (与它们的大小成正比)，这需要进行更精细的分析。

最终，EXP3 算法得到的最坏情况遗憾界 $O(\sqrt{Tn\log n})$ 是近似最优的 (最多相差一个行动数量的对数项)。

引理 6.3 使用非负损失和 $\varepsilon = \sqrt{\frac{\log n}{Tn}}$ 的算法 6.2 保证如下遗憾界：

$$\mathbf{E}\Big[\sum \ell_t(i_t) - \min_i \sum \ell_t(i)\Big] \le 2\sqrt{Tn\log n}$$

证明 对于算法 6.2 中定义的随机损失 $\{\hat{\ell}_t\}$，注意

$$\mathbf{E}[\hat{\ell}_t(i)] = \Pr[i_t = i] \cdot \frac{\ell_t(i)}{\mathbf{x}_t(i)} = \mathbf{x}_t(i) \cdot \frac{\ell_t(i)}{\mathbf{x}_t(i)} = \ell_t(i)$$

$$\begin{aligned}
\mathbf{E}[\mathbf{x}_t^\top \hat{\ell}_t^2] &= \sum_i \Pr[i_t = i] \cdot \mathbf{x}_t(i)\hat{\ell}_t(i)^2 \\
&= \sum_i \mathbf{x}_t(i)^2 \hat{\ell}_t(i)^2 = \sum_i \ell_t(i)^2 \le n
\end{aligned} \tag{6.1}$$

因此，有 $E[\hat{f}_t] = f_t$，对于函数 $\{\hat{f}_t\}$ 的期望遗憾等于函数 $\{f_t\}$ 的遗憾。因此，$\hat{\ell}_t$ 的遗憾可以与 ℓ_t 的遗憾相关。

EXP3 算法将 Hedge 应用于 $\hat{\ell}_t$ 给出的损失，这些损失都是非负的，满足定理 1.3 的条件。因此，对 $\hat{\ell}_t$ 的期望遗憾可被界定为，

$$\begin{aligned}
\mathbf{E}[\text{Regret}_T] &= \mathbf{E}\Big[\sum_{t=1}^{T} \ell_t(i_t) - \min_i \sum_{t=1}^{T} \ell_t(i)\Big] \\
&= \mathbf{E}\Big[\sum_{t=1}^{T} \ell_t(i_t) - \sum_{t=1}^{T} \ell_t(i^\star)\Big] \\
&\le \mathbf{E}\Big[\sum_{t=1}^{T} \hat{\ell}_t(\mathbf{x}_t) - \sum_{t=1}^{T} \hat{\ell}_t(i^\star)\Big] \qquad i^\star \text{ 不依赖于 } \hat{\ell}_t \\
&\le \mathbf{E}\Big[\varepsilon \sum_{t=1}^{T} \sum_{i=1}^{n} \hat{\ell}_t(i)^2 \mathbf{x}_t(i) + \frac{\log n}{\varepsilon}\Big] \qquad \text{定理 1.3}
\end{aligned}$$

$$\leq \varepsilon T n + \frac{\log n}{\varepsilon} \qquad \text{式(6.1)}$$

$$\leq 2\sqrt{Tn\log n} \qquad \text{通过选定 } \varepsilon$$

下面继续推导出一种算法,用于更一般的赌博机凸优化设置,可达到近似最优遗憾。

6.3　从有限信息归约至完全信息

在本节将推导一个赌博机凸优化一般设置的低遗憾算法。实际上,应该描述设计赌博机算法的一般技术,它由两部分组成。

(1) 一种通用技术,用于只使用代价函数的梯度 (在下文中形式化定义) 的在线凸优化算法,并将其应用于经过精心选定属性的随机变量向量族。

(2) 设计随机变量,使模板归约产生有意义的遗憾保证。

下面将继续描述这种归约的两个部分,在本章的剩余部分,将描述两个使用这种归约设计赌博机凸优化算法的例子。

6.3.1　第一部分: 使用无偏估计

许多高效赌博机凸优化算法背后的关键思想如下: 尽管不能显式计算 $\nabla f_t(\mathbf{x}_t)$,但有可能找到一个可观察的随机变量 $\mathbf{g}_t$,满足 $\mathbf{E}[\mathbf{g}_t] \approx \nabla f_t(\mathbf{x}_t) = \nabla_t$。因此,$\mathbf{g}_t$ 可以被视为梯度的估计器。通过在 OCO 算法中将 $\mathbf{g}_t$ 替换为 ∇_t,将证明许多时候,算法保留了其次线性遗憾界。

形式上,这种归约方法的遗憾最小化算法族可归结为定义 6.1。

定义 6.1(一阶 OCO 算法)　令 $\mathcal{A}$ 为一个 OCO(确定性)算法,接收一系列任意可微损失函数 $f_1, \ldots, f_T$,并生成决策 $\mathbf{x}_1 \leftarrow \mathcal{A}(\emptyset)$, $\mathbf{x}_t \leftarrow \mathcal{A}(f_1, \ldots, f_{t-1})$。如果下列条件成立,$\mathcal{A}$ 被称作一阶在线算法。

- 损失函数族 $\mathcal{F}$ 的加法运算封闭: 如果 $f \in \mathcal{F}$ 且 $\mathbf{u} \in \mathbb{R}^n$,那么 $f + \mathbf{u}^{\top}\mathbf{x} \in \mathcal{F}$。

- 令 $\hat{f}_t$ 为线性函数 $\hat{f}_t(\mathbf{x}) = \nabla f_t(\mathbf{x}_t)^\top \mathbf{x}$，那么对于每次迭代 $t \in [T]$：

$$\mathcal{A}(f_1, \ldots, f_{t-1}) = \mathcal{A}(\hat{f}_1, \ldots, \hat{f}_{t-1})$$

现在可以考虑从任何一阶在线算法到赌博机凸优化算法的形式化归约，如算法 6.3 所示。

算法 6.3　对赌博机反馈的归约

1：输入：凸集 $\mathcal{K} \subset \mathbb{R}^n$，一阶在线算法 $\mathcal{A}$
2：令 $\mathbf{x}_1 = \mathcal{A}(\emptyset)$
3：**for** $t=1$ 至 T **do**
4：　　生成分布 $\mathcal{D}_t$，根据 $\mathbf{E}[\mathbf{y}_t] = \mathbf{x}_t$，采样 $\mathbf{y}_t \sim \mathcal{D}_t$
5：　　执行 $\mathbf{y}_t$
6：　　观测 $f_t(\mathbf{y}_t)$，根据 $\mathbf{E}[\mathbf{g}_t] = \nabla f_t(\mathbf{x}_t)$，生成 $\mathbf{g}_t$
7：　　令 $\mathbf{x}_{t+1} = \mathcal{A}(\mathbf{g}_1, \ldots, \mathbf{g}_t)$
8：**end for**

也许令人惊讶的是，在非常温和的条件下，上述归约保证了与原始一阶算法相同的遗憾界，最多相差估计的梯度大小。这可以在下面的引理中得到。

引理 6.4　令 $\mathbf{u}$ 为 $\mathcal{K}$ 中的一个不动点。令 $f_1, \ldots, f_T : \mathcal{K} \to \mathbb{R}$ 为一系列可微函数。令 $\mathcal{A}$ 为全信息设置下保证遗憾界形式为 $\mathrm{Regret}_T(\mathcal{A}) \leq B_{\mathcal{A}}(\nabla f_1(\mathbf{x}_1), \ldots, \nabla f_T(\mathbf{x}_T))$ 的一阶在线算法。定义点 $\{\mathbf{x}_t\}$ 为：$\mathbf{x}_1 \leftarrow \mathcal{A}(\emptyset)$，$\mathbf{x}_t \leftarrow \mathcal{A}(\mathbf{g}_1, \ldots, \mathbf{g}_{t-1})$，其中每个 $\mathbf{g}_t$ 是一个向量值随机变量，满足：

$$\mathbf{E}[\mathbf{g}_t | \mathbf{x}_1, f_1, \ldots, \mathbf{x}_t, f_t] = \nabla f_t(\mathbf{x}_t)$$

那么，对于所有 $\mathbf{u} \in \mathcal{K}$，有：

$$\mathbf{E}\left[\sum_{t=1}^T f_t(\mathbf{x}_t)\right] - \sum_{t=1}^T f_t(\mathbf{u}) \leq \mathbf{E}[B_{\mathcal{A}}(\mathbf{g}_1, \ldots, \mathbf{g}_T)]$$

证明 函数 $h_t : \mathcal{K} \to \mathbb{R}$ 定义为：

$$h_t(\mathbf{x}) = f_t(\mathbf{x}) + \boldsymbol{\xi}_t^\top \mathbf{x}, \text{ 其中 } \boldsymbol{\xi}_t = \mathbf{g}_t - \nabla f_t(\mathbf{x}_t)$$

注意

$$\nabla h_t(\mathbf{x}_t) = \nabla f_t(\mathbf{x}_t) + \mathbf{g}_t - \nabla f_t(\mathbf{x}_t) = \mathbf{g}_t$$

因此，确定性地将一阶方法 $\mathcal{A}$ 应用于随机变量 h_t 等价于将算法 $\mathcal{A}$ 应用于确定性函数 f_t 的随机一阶近似。因此由 $\mathcal{A}$ 的全信息遗憾界可得：

$$\sum_{t=1}^{T} h_t(\mathbf{x}_t) - \sum_{t=1}^{T} h_t(\mathbf{u}) \leq B_{\mathcal{A}}(\mathbf{g}_1, \ldots, \mathbf{g}_T) \tag{6.2}$$

同时注意：

$$
\begin{aligned}
\mathbf{E}[h_t(\mathbf{x}_t)] &= \mathbf{E}[f_t(\mathbf{x}_t)] + \mathbf{E}[\boldsymbol{\xi}_t^\top \mathbf{x}_t] \\
&= \mathbf{E}[f_t(\mathbf{x}_t)] + \mathbf{E}[\mathbf{E}[\boldsymbol{\xi}_t^\top \mathbf{x}_t | \mathbf{x}_1, f_1, \ldots, \mathbf{x}_t, f_t]] \\
&= \mathbf{E}[f_t(\mathbf{x}_t)] + \mathbf{E}[\mathbf{E}[\boldsymbol{\xi}_t | \mathbf{x}_1, f_1, \ldots, \mathbf{x}_t, f_t]^\top \mathbf{x}_t] \\
&= \mathbf{E}[f_t(\mathbf{x}_t)]
\end{aligned}
$$

其中用到了 $\mathbf{E}[\boldsymbol{\xi}_t | \mathbf{x}_1, f_1, \ldots, \mathbf{x}_t, f_t] = 0$。类似地，因为 $\mathbf{u} \in \mathcal{K}$ 是不动的，故有 $\mathbf{E}[h_t(\mathbf{u})] = f_t(\mathbf{u})$。对式 (6.2) 求期望，引理得证。

6.3.2 第二部分：逐点梯度估计

在前面的部分描述了如何使用特殊定制的随机变量，将 OCO 的一阶算法转换为使用赌博机信息的算法。现在描述如何创建这些随机变量向量。

虽然不能显式计算 $\nabla f_t(\mathbf{x}_t)$，但有可能找到一个可观察的随机变量 $\mathbf{g}_t$，满足 $\mathbf{E}[\mathbf{g}_t] \approx \nabla f_t$，并作为梯度的一种估计。

问题是如何找到合适的 $\mathbf{g}_t$，为了回答这个问题，从一个一维情形的例子开始。

示例 6.1　一个一维梯度估计

回顾导数的定义：

$$f'(x) = \lim_{\delta \to 0} \frac{f(x+\delta) - f(x-\delta)}{2\delta}$$

以上表明，对于一维导数，需要对 f 进行两次取值。由于问题中只能执行一次计算，可定义 $g(x)$ 如下：

$$g(x) = \begin{cases} \frac{f(x+\delta)}{\delta}, & \text{概率为} \frac{1}{2} \\[2ex] -\frac{f(x-\delta)}{\delta}, & \text{概率为} \frac{1}{2} \end{cases} \tag{6.3}$$

显然

$$\mathbf{E}[g(x)] = \frac{f(x+\delta) - f(x-\delta)}{2\delta}$$

因此，**在期望的意义下**，对于较小的 δ, $g(x)$ 与 $f'(x)$ 近似。

1. 球面采样估计器

现在展示如何将梯度估计器 [式 (6.3)] 扩展到多维情形。令 $\mathbf{x} \in \mathbb{R}^n$，并令 B_δ 和 S_δ 表示 n 维球和半径为 δ 的球。

$$B_\delta = \{\mathbf{x} | \, \|\mathbf{x}\| \leq \delta\}$$

$$S_\delta = \{\mathbf{x} | \, \|\mathbf{x}\| = \delta\}$$

将 $\hat{f}(\mathbf{x}) = \hat{f}_\delta(\mathbf{x})$ 定义为 $f(\mathbf{x})$ 的一个 δ 光滑版本：

$$\hat{f}_\delta(\mathbf{x}) = \mathop{\mathbf{E}}_{\mathbf{v} \in \mathbb{B}} [f(\mathbf{x} + \delta\mathbf{v})] \tag{6.4}$$

其中，$\mathbf{v}$ 为单位球上的均匀分布。这种构造与引理 2.4 在凸优化收敛性分析语境中使用的构造非常相似。然而，目标不同。

注意，当 f 是线性时，有 $\hat{f}_\delta(\mathbf{x}) = f(\mathbf{x})$。下面将讨论 f 为线性实际上是特例，并证明如何估计 $\hat{f}(\mathbf{x})$ 的梯度，在 f 是线性的假设下，这也是 $f(\mathbf{x})$ 的梯度。引理 6.5 证明了梯度 $\nabla \hat{f}_\delta$ 和均匀取得的单位向量之间的简单关系。

引理 6.5　固定 $\delta > 0$。令 $\hat{f}_\delta(\mathbf{x})$ 由式 (6.4) 定义，并令 $\mathbf{u}$ 为一个均匀取得的单位向量 $\mathbf{u} \sim \mathbb{S}$。则

$$\mathop{\mathbf{E}}_{\mathbf{u} \in \mathbb{S}} [f(\mathbf{x} + \delta \mathbf{u}) \mathbf{u}] = \frac{\delta}{n} \nabla \hat{f}_\delta(\mathbf{x})$$

证明　使用微积分中的 Stokes 定理，有

$$\nabla \int_{B_\delta} f(\mathbf{x} + \mathbf{v}) \, d\mathbf{v} = \int_{S_\delta} f(\mathbf{x} + \mathbf{u}) \frac{\mathbf{u}}{\|\mathbf{u}\|} d\mathbf{u} \tag{6.5}$$

由式 (6.4)，根据期望的定义，有

$$\hat{f}_\delta(\mathbf{x}) = \frac{\int_{B_\delta} f(\mathbf{x} + \mathbf{v}) \, d\mathbf{v}}{\mathrm{vol}(B_\delta)} \tag{6.6}$$

其中，$\mathrm{vol}(B_\delta)$ 为半径是 δ 的 n 维球的体积。类似地，

$$\mathop{\mathbf{E}}_{\mathbf{u} \in S} [f(\mathbf{x} + \delta \mathbf{u}) \mathbf{u}] = \frac{\int_{S_\delta} f(\mathbf{x} + \mathbf{u}) \frac{\mathbf{u}}{\|\mathbf{u}\|} du}{\mathrm{vol}(S_\delta)} \tag{6.7}$$

组合式 (6.4)、式 (6.5)、式 (6.6) 和式 (6.7)，以及 n 维球与 $n-1$ 维球的体积比为 $\mathrm{vol}_n B_\delta / \mathrm{vol}_{n-1} S_\delta = \delta / n$ 的事实，可得期望的结论。

在 f 为线性的假设下，引理 6.5 给出了梯度 ∇f 的一个简单估计。取随机单位向量 $\mathbf{u}$，并令 $g(\mathbf{x}) = \frac{n}{\delta} f(\mathbf{x} + \delta \mathbf{u}) \mathbf{u}$。

2. 椭球采样估计器

上面讨论的球体估计器有时很难使用：当球体的中心非常接近决策集的边界时，只有一个非常小的球体可以完全装入其中。这导致梯度估计器具有较大的方差。

在这种情况下，考虑椭球而不是球体是有用的。幸运的是，梯度估计的椭球采样泛化是前面推导的一个简单推论。

推论 6.1　考虑一个连续函数 $f : \mathbb{R}^n \to \mathbb{R}$，一个可逆矩阵 $A \in \mathbb{R}^{n \times n}$，并令 $\mathbf{v} \sim \mathbb{B}^n$ 且 $\mathbf{u} \sim \mathbb{S}^n$。定义 f 相对于 A 的光滑版本：

$$\hat{f}(\mathbf{x}) = \mathbf{E}[f(\mathbf{x} + A\mathbf{v})]$$

则下列等式成立：

$$\nabla \hat{f}(\mathbf{x}) = n\,\mathbf{E}[f(\mathbf{x}+A\mathbf{u})A^{-1}\mathbf{u}]$$

证明   令 $g(\mathbf{x}) = f(A\mathbf{x})$, and $\hat{g}(\mathbf{x}) = \mathbf{E}_{\mathbf{v}\in\mathbb{B}}[g(\mathbf{x}+\mathbf{v})]$

$$
\begin{aligned}
n\,\mathbf{E}[f(\mathbf{x}+A\mathbf{u})A^{-1}\mathbf{u}] &= nA^{-1}\,\mathbf{E}[f(\mathbf{x}+A\mathbf{u})\mathbf{u}] \\
&= nA^{-1}\,\mathbf{E}[g(A^{-1}\mathbf{x}+\mathbf{u})\mathbf{u}] \\
&= A^{-1}\nabla\hat{g}(A^{-1}\mathbf{x}) \qquad \text{引理 6.5}\\
&= A^{-1}A\nabla\hat{f}(\mathbf{x}) = \nabla\hat{f}(\mathbf{x})
\end{aligned}
$$

6.4　无需梯度在线梯度下降

之前概述 BCO 到 OCO 归约的最简单和历史上最早的应用是将在线梯度下降算法应用于赌博机设置。FKM 算法 (以其发明者的名字命名，见 6.6 节) 在算法 6.4 中给出。

算法 6.4　FKM 算法

1：输入：决策集 $\mathcal{K}$ 包含 $\mathbf{0}$，令 $\mathbf{x}_1=0$，参数 δ,η
2：**for** $t=1$ 全 T **do**
3：　　随机均匀取 $\mathbf{u}_t\in\mathbb{S}_1$，令 $\mathbf{y}_t = \mathbf{x}_t + \delta\mathbf{u}_t$
4：　　执行 $\mathbf{y}_t$，观测并计算损失 $f_t(\mathbf{y}_t)$。令 $\mathbf{g}_t = \frac{n}{\delta}f_t(\mathbf{y}_t)\mathbf{u}_t$
5：　　更新 $\mathbf{x}_{t+1} = \prod_{\mathcal{K}_\delta}[\mathbf{x}_t - \eta\mathbf{g}_t]$
6：**end for**

为简单起见，假设集合 $\mathcal{K}$ 包含以 0 向量为中心的单位球，记为 $\mathbf{0}$。记 $\mathcal{K}_\delta = \{\mathbf{x} \mid \frac{1}{1-\delta}\mathbf{x}\in\mathcal{K}\}$。（见图 6.1）对于任意 $0<\delta<1$，证明 $\mathcal{K}_\delta$ 是凸的，并且在 $\mathcal{K}_\delta$ 中点周围所有半径为 δ 的球都包含在 $\mathcal{K}$ 中，留作练习。

为简单起见，还假设反向选择的代价函数在 $\mathcal{K}$ 上的界为 1，即对所有 $\mathbf{x}\in\mathcal{K}$, $|\mathbf{f}_t(\mathbf{x})|\leq 1$。

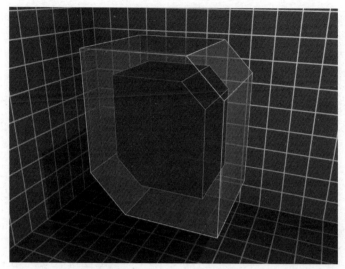

图 6.1　Minkowski 集合 $\mathcal{K}_\delta$

FKM 算法是在 $\mathcal{K}_\delta$ 集合上由赌博机凸优化转化为具有球面梯度估计器的在线凸优化的一个实例。它迭代地投影到 $\mathcal{K}_\delta$ 上，以便有足够的空间进行球面梯度估计。这在一定程度上降低了它的性能。FKM 算法的遗憾界如定理 6.1 所示。

定理 6.1　参数为 $\eta = \frac{D}{nT^{3/4}}$，$\delta = \frac{1}{T^{1/4}}$ 的算法 6.4 保证如下期望遗憾界：

$$\sum_{t=1}^{T} \mathbf{E}[f_t(\mathbf{y}_t)] - \min_{\mathbf{x} \in \mathcal{K}} \sum_{t=1}^{T} f_t(\mathbf{x}) \le 9nDGT^{3/4} = O(T^{3/4})$$

证明　回顾记号：$\mathbf{x}^\star = \arg\min_{\mathbf{x} \in \mathcal{K}} \sum_{t=1}^{T} f_t(\mathbf{x})$。记

$$\mathbf{x}_\delta^\star = \prod_{\mathcal{K}_\delta}(\mathbf{x}^\star)$$

则根据投影的性质，有 $\|\mathbf{x}_\delta^\star - \mathbf{x}^\star\| \le \delta D$，其中 D 为 $\mathcal{K}$ 的直径。那么，假设代价函数 $\{f_t\}$ 是 G-Lipschitz 的，有

$$\sum_{t=1}^{T} \mathbf{E}[f_t(\mathbf{y}_t)] - \sum_{t=1}^{T} f_t(\mathbf{x}^\star) \le \sum_{t=1}^{T} \mathbf{E}[f_t(\mathbf{y}_t)] - \sum_{t=1}^{T} f_t(\mathbf{x}_\delta^\star) + \delta TGD \quad (6.8)$$

记 $\hat{f}_t = \hat{f}_{\delta,t} = \mathbf{E}_{\mathbf{u}\sim\mathbb{B}}[f(\mathbf{x}+\delta\mathbf{u})]$。现在可以求遗憾的界

$$\sum_{t=1}^{T}\mathbf{E}[f_t(\mathbf{y}_t)] - \sum_{t=1}^{T}f_t(\mathbf{x}^\star)$$

$$\leq \sum_{t=1}^{T}\mathbf{E}[f_t(\mathbf{x}_t)] - \sum_{t=1}^{T}f_t(\mathbf{x}^\star) + \delta DGT \qquad\qquad f_t \text{ 满足 } G\text{-Lipschitz}$$

$$\leq \sum_{t=1}^{T}\mathbf{E}[f_t(\mathbf{x}_t)] - \sum_{t=1}^{T}f_t(\mathbf{x}_\delta^\star) + 2\delta DGT \qquad\qquad \text{不等式 (6.8)}$$

$$\leq \sum_{t=1}^{T}\mathbf{E}[\hat{f}_t(\mathbf{x}_t)] - \sum_{t=1}^{T}\hat{f}_t(\mathbf{x}_\delta^\star) + 4\delta DGT \qquad\qquad \text{引理 2.4}$$

$$\leq \text{Regret}_{OGD}(\mathbf{g}_1,...,\mathbf{g}_T) + 4\delta DGT \qquad\qquad \text{引理 6.4}$$

$$\leq \eta\sum_{t=1}^{T}\|\mathbf{g}_t\|^2 + \frac{D^2}{\eta} + 4\delta DGT \qquad\qquad \text{OGD 遗憾, 定理 3.1}$$

$$\leq \eta\frac{n^2}{\delta^2}T + \frac{D^2}{\eta} + 4\delta DGT \qquad\qquad |\mathbf{f}_t(\mathbf{x})| \leq 1$$

$$\leq 9nDGT^{3/4} \qquad\qquad \eta = \frac{D}{nT^{3/4}}, \delta = \frac{1}{T^{1/4}}$$

6.5　赌博机线性优化的最优遗憾算法

BCO 的一个特例是 BLO(Bandit Linear Optimization，赌博机线性优化)。该设置具有线性代价函数，包含了本章开始讨论的网络路由和广告放置的例子，以及非随机 MAB 问题。

本节使用凸优化的内点法技术，给出 BLO 的近似最优遗憾界。

上一节介绍的通用 OGD 方法有以下三个缺陷。

(1) 梯度估计器是有偏的，它估计的是真实代价函数的光滑版本的梯度。

(2) 梯度估计器需要足够的"回旋空间"，因此在决策集的边界上是病态的。

(3) 梯度估计有可能很大，与到边界的距离成比例。

　　幸运的是，第一个问题对于线性函数是不存在的——梯度估计器对于线性函数是无偏的。按照前几章的表示法，对于线性函数，有：

$$\hat{f}_\delta(\mathbf{x}) = \mathop{\mathbf{E}}_{\mathbf{v} \sim \mathbb{B}}[f(\mathbf{x} + \delta\mathbf{v})] = f(\mathbf{x})$$

因此，引理 6.5 给出了一个强保证：

$$\mathop{\mathbf{E}}_{\mathbf{u} \in \mathbb{S}}[f(\mathbf{x} + \delta\mathbf{u})\,\mathbf{u}] = \frac{\delta}{n}\nabla\hat{f}_\delta(\mathbf{x}) = \frac{\delta}{n}\nabla f(\mathbf{x})$$

　　为了解决第二个和第三个问题，使用自和谐势垒函数，这是一种来自优化内点法的相对前沿的技术。

6.5.1　自和谐势垒

　　为了保证牛顿法在多项式时间内收敛于有界凸集上，在内点法的基础上设计了自和谐势垒函数。这里简要介绍它们的一些优秀性质，这些性质能够为 BLO 推导出最优遗憾算法。

定义 6.2　令 $\mathcal{K} \in \mathbb{R}^n$ 为一个带非空内点 $int(\mathcal{K})$ 的凸集。一个函数 $\mathcal{R} : int(\mathcal{K}) \to \mathbb{R}$ 被称作 ν 自和谐势垒，如果满足：

　　(1) $\mathcal{R}$ 是三阶连续可微且凸的，并且对于接近 $\mathcal{K}$ 边界的任意点列，趋近于无穷。

　　(2) 对每个 $\mathbf{h} \in \mathbb{R}^n$ 和 $\mathbf{x} \in int(\mathcal{K})$，下列成立：

$$|\nabla^3\mathcal{R}(\mathbf{x})[\mathbf{h}, \mathbf{h}, \mathbf{h}]| \le 2(\nabla^2\mathcal{R}(\mathbf{x})[\mathbf{h}, \mathbf{h}])^{3/2},$$
$$|\nabla\mathcal{R}(\mathbf{x})[\mathbf{h}]| \le \nu^{1/2}(\nabla^2\mathcal{R}(\mathbf{x})[\mathbf{h}, \mathbf{h}])^{1/2}$$

其中，三阶可微定义如下：

$$\nabla^3\mathcal{R}(\mathbf{x})[\mathbf{h}, \mathbf{h}, \mathbf{h}] \stackrel{\text{def}}{=} \left.\frac{\partial^3}{\partial t_1 \partial t_2 \partial t_3}\mathcal{R}(\mathbf{x} + t_1\mathbf{h} + t_2\mathbf{h} + t_3\mathbf{h})\right|_{t_1=t_2=t_3=0}$$

　　一个自和谐势垒函数的 Hessian 矩阵在每个 $\mathbf{x} \in int(\mathcal{K})$ 处诱导一个局部范数，这个范数记作 $\|\cdot\|_{\mathbf{x}}$，且其对偶记作 $\|\cdot\|_{\mathbf{x}}^*$，对于 $\forall \mathbf{h} \in \mathbb{R}^n$ 定义为：

$$\|\mathbf{h}\|_{\mathbf{x}} = \sqrt{\mathbf{h}^\top\nabla^2\mathcal{R}(\mathbf{x})\mathbf{h}}, \qquad \|\mathbf{h}\|_{\mathbf{x}}^* = \sqrt{\mathbf{h}^\top(\nabla^2\mathcal{R}(\mathbf{x}))^{-1}\mathbf{h}}$$

假设 $\nabla^2 \mathcal{R}(\mathbf{x})$ 总是满秩的。在 BCO 应用中,这很容易通过向势垒函数添加一个虚构的二次函数来确保,它对整体遗憾的影响不会超过一个常数。

令 $\mathcal{R}$ 为一个自和谐势垒函数且 $\mathbf{x} \in \text{int}(\mathcal{K})$。那么 Dikin 椭球为

$$\mathcal{E}_1(\mathbf{x}) := \{\mathbf{y} \in \mathbb{R}^n : \|\mathbf{y} - \mathbf{x}\|_{\mathbf{x}} \leq 1\}$$

即,中心为 $\mathbf{x}$ 的 $\|\cdot\|_{\mathbf{x}}$ 单位球,完全包含在 $\mathcal{K}$ 中。

在下面的分析中需要为 $\mathbf{x}, \mathbf{y} \in \text{int}(\mathcal{K})$ 界定 $\mathcal{R}(\mathbf{y}) - \mathcal{R}(\mathbf{x})$,引理 6.6 是有用的。

引理 6.6 令 $\mathcal{R}$ 为 $\mathcal{K}$ 上的一个 ν 自和谐势垒函数,则对于所有 $\mathbf{x}, \mathbf{y} \in int(\mathcal{K})$,有:

$$\mathcal{R}(\mathbf{y}) - \mathcal{R}(\mathbf{x}) \leq \nu \log \frac{1}{1 - \pi_{\mathbf{x}}(\mathbf{y})}$$

其中 $\pi_{\mathbf{x}}(\mathbf{y}) = \inf\{t \geq 0 : \mathbf{x} + t^{-1}(\mathbf{y} - \mathbf{x}) \in \mathcal{K}\}$。

函数 $\pi_{\mathbf{x}}(\mathbf{y})$ 被称作 $\mathcal{K}$ 的 Minkowski 函数,且其输出总是位于 [0,1] 区间。此外,当 y 趋近 $\mathcal{K}$ 的边界时,$\pi_{\mathbf{x}}(\mathbf{y}) \to 1$。

自和谐势垒函数的另外一个重要性质是一个点和最优值点之间的关系,依照局部范数在某点处的梯度范数由引理 6.7 给出。

引理 6.7 令 $\mathbf{x} \in int(\mathcal{K})$ 满足 $\|\nabla \mathcal{R}(\mathbf{x})\|_{\mathbf{x}}^* \leq \frac{1}{4}$,且令 $\mathbf{x}^* = \arg\min_{\mathbf{x} \in \mathcal{K}} \mathcal{R}(\mathbf{x})$。则有

$$\|\mathbf{x} - \mathbf{x}^*\|_x \leq 2\|\nabla \mathcal{R}(\mathbf{x})\|_{\mathbf{x}}^*$$

6.5.2　一个近似最优算法

现在已经准备了所有必要的工具来推导一个近似最优的 BLO 算法,在算法 6.5 中给出。

算法 6.5　SCRIBLE 算法

1：输入：带自和谐势垒 $\mathcal{R}$ 的决策集 $\mathcal{K}$，令 $\mathbf{x}_1 \in \text{int}(\mathcal{K})$ 满足 $\nabla\mathcal{R}(\mathbf{x}_1) = 0$，参数 η, δ

2：**for** $t=1$ 至 T **do**

3：　　令 $\mathbf{A}_t = \left[\nabla^2\mathcal{R}(\mathbf{x}_t)\right]^{-1/2}$

4：　　均匀取 $\mathbf{u}_t \in \mathbb{S}$，并令 $\mathbf{y}_t = \mathbf{x}_t + \mathbf{A}_t\mathbf{u}_t$

5：　　执行 $\mathbf{y}_t$，观测并计算损失 $f_t(\mathbf{y}_t)$。令 $\mathbf{g}_t = nf_t(\mathbf{y}_t)\mathbf{A}_t^{-1}\mathbf{u}_t$

6：　　更新

$$\mathbf{x}_{t+1} = \arg\min_{\mathbf{x}\in\mathcal{K}_\delta}\left\{\eta\sum_{\tau=1}^{t}\mathbf{g}_\tau^\top\mathbf{x} + \mathcal{R}(\mathbf{x})\right\}$$

7：**end for**

定理 6.2　对适当选定的 η, δ，SCRIBLE 算法保证

$$\sum_{t=1}^{T}\mathbf{E}[f_t(\mathbf{y}_t)] - \min_{\mathbf{x}\in\mathcal{K}}\sum_{t=1}^{T}f_t(\mathbf{x}) \leq O\left(\sqrt{T}\log T\right)$$

证明　首先，注意 $\mathbf{y}_t \in \mathcal{K}$ 永不会离开决策集。原因是 $\mathbf{x}_t \in \mathcal{K}$ 且 $\mathbf{y}_t$ 在以 $\mathbf{x}_t$ 为中心的 Dikin 椭球中。

此外，由推论 6.1，有

$$\mathbf{E}[\mathbf{g}_t] = \nabla\hat{f}_t(\mathbf{x}_t) = \nabla f_t(\mathbf{x}_t)$$

其中后面的等式成立的原因是 f_t 为线性的，因此它的光滑版本与自身相同。

最后观察到的是，算法的第 6 行是对 RFTL 算法的调用，自和谐势垒 $\mathcal{R}$ 用作正则化函数。线性函数的 RFTL 算法是一阶 OCO 算法，因此引理 6.4 适用。

现在可以界定遗憾:

$$\sum_{t=1}^{T} \mathbf{E}[f_t(\mathbf{y}_t)] - \sum_{t=1}^{T} f_t(\mathbf{x}^\star)$$

$$\leq \sum_{t=1}^{T} \mathbf{E}[\hat{f}_t(\mathbf{x}_t)] - \sum_{t=1}^{T} \hat{f}_t(\mathbf{x}^\star) \qquad\qquad \hat{f}_t = f_t, \ \mathbf{E}[\mathbf{y}_t] = \mathbf{x}_t$$

$$\leq \text{Regret}_{\text{RFTL}}(\mathbf{g}_1, ..., \mathbf{g}_T) \qquad\qquad\qquad \text{引理 6.4}$$

$$\leq \sum_{t=1}^{T} \mathbf{g}_t^\top (\mathbf{x}_t - \mathbf{x}_{t+1}) + \frac{\mathcal{R}(\mathbf{x}^\star) - \mathcal{R}(\mathbf{x}_1)}{\eta} \qquad\qquad \text{引理 5.1}$$

$$\leq \sum_{t=1}^{T} \|\mathbf{g}_t\|_t^* \|\mathbf{x}_t - \mathbf{x}_{t+1}\|_t + \frac{\mathcal{R}(\mathbf{x}^\star) - \mathcal{R}(\mathbf{x}_1)}{\eta} \qquad \text{Cauchy-Schwarz不等式}$$

这里使用第 5 章中的符号表示局部范数 $\|\mathbf{h}\|_t = \|\mathbf{h}\|_{\mathbf{x}_t} = \sqrt{\mathbf{h}^\top \nabla^2 \mathcal{R}(\mathbf{x}_t)\mathbf{h}}$。

为界定最后表达式,使用引理 6.7,和定义 $\mathbf{x}_{t+1} = \arg\min_{\mathbf{x} \in \mathcal{K}} \Phi_t(\mathbf{x})$,其中 $\Phi_t(\mathbf{x}) = \eta \sum_{\tau=1}^{t} \mathbf{g}_\tau^\top \mathbf{x} + \mathcal{R}(\mathbf{x})$ 是一个自和谐势垒。故,

$$\|\mathbf{x}_t - \mathbf{x}_{t+1}\|_t \leq 2\|\nabla \Phi_t(\mathbf{x}_t)\|_t^* = 2\|\nabla \Phi_{t-1}(\mathbf{x}_t) + \eta \mathbf{g}_t\|_t^* = 2\eta\|\mathbf{g}_t\|_t^*$$

由于根据 $\mathbf{x}_t$ 的定义,$\nabla \Phi_{t-1}(\mathbf{x}_t) = 0$。因此使用引理 6.7,需要 $\|\nabla \Phi_t(\mathbf{x}_t)\|_t^* = \eta\|\mathbf{g}_t\|_t^* \leq \frac{1}{4}$,这可通过选定 η 来保证,且由于

$$\|\mathbf{g}_t\|_t^{*\,2} \leq n^2 \mathbf{u}_t^T \mathbf{A}_t^{-T} \nabla^{-2} \mathcal{R}(\mathbf{x}_t) \mathbf{A}_t^{-1} \mathbf{u}_t \leq n^2$$

因此,

$$\sum_{t=1}^{T} \mathbf{E}[f_t(\mathbf{y}_t)] - \sum_{t=1}^{T} f_t(\mathbf{x}^\star) \leq 2\eta \sum_{t=1}^{T} \|\mathbf{g}_t\|_t^{*\,2} + \frac{\mathcal{R}(\mathbf{x}^\star) - \mathcal{R}(\mathbf{x}_1)}{\eta}$$

$$\leq 2\eta n^2 T + \frac{\mathcal{R}(\mathbf{x}^\star) - \mathcal{R}(\mathbf{x}_1)}{\eta}$$

仍需要界定相对于 $\mathbf{x}^\star$ 的 Bregman 散度,为此使用算法 6.4 分析中的类似技术,来界定相对于 $\mathbf{x}_\delta^\star$ 的遗憾值,即 $\mathbf{x}^\star$ 到 $\mathcal{K}_\delta$ 的投影。使用式 (6.8),可以界定总遗憾:

$$\sum_{t=1}^{T} \mathbf{E}[f_t(\mathbf{y}_t)] - \sum_{t=1}^{T} f_t(\mathbf{x}^\star)$$

$$\leq \sum_{t=1}^{T} \mathbf{E}[f_t(\mathbf{y}_t)] - \sum_{t=1}^{T} f_t(\mathbf{x}_\delta^*) + \delta T G D \qquad\qquad \text{式 (6.8)}$$

$$= 2\eta n^2 T + \frac{\mathcal{R}(\mathbf{x}_\delta^\star) - \mathcal{R}(\mathbf{x}_1)}{\eta} + \delta T G D \qquad\qquad \text{上面推导}$$

$$\leq 2\eta n^2 T + \frac{\nu \log \frac{1}{1-\pi_{\mathbf{x}_1}(\mathbf{x}_\delta^\star)}}{\eta} + \delta T G D \qquad\qquad \text{引理 6.6}$$

$$\leq 2\eta n^2 T + \frac{\nu \log \frac{1}{\delta}}{\eta} + \delta T G D \qquad\qquad \mathbf{x}_\delta^\star \in \mathcal{K}_\delta$$

取 $\eta = O(\frac{1}{\sqrt{T}})$ 及 $\delta = O(\frac{1}{T})$，上述界蕴含定理。

6.6　文献评述

多臂赌博机问题的历史可以追溯到 50 多年前 Robbins (1952) 的工作，更多详细的历史可以查看 Bubeck and Cesa-Bianchi (2012) 的综述。非随机 MAB 问题和 EXP3 算法，以及紧下界在论文 Auer et al. (2003) 中给出。非随机 MAB 可获得遗憾的对数差异在 Audibert and Bubeck (2009) 中得到解决。

针对线性代价函数和流多面体的特殊情况，Awerbuch and Kleinberg (2008) 在在线路由的背景下引入赌博机凸优化算法进行研究。完整的通用性 BCO 设置由 Flaxman et al. (2005) 提出，并给出了第一个高效且低遗憾的 BCO 算法。一维情况下，通过 Bubeck et al. (2015) 得到了 BCO 的紧界，通过 Hazan and Li (2016) 得到了一个低效率的算法，最后在 Bubeck et al. (2017) 上得到了一个多项式时间的算法。

代价函数是线性的特殊情况，称为赌博机线性优化，受到了广泛的关注，Dani et al. (2008) 给出了一个不超过常数的最优遗憾算法。Abernethy et al. (2008) 给出了一种高效的算法，并将自和谐势垒引入赌博机设置中。在 Nesterov and Nemirovskii (1994) 的开创性工作中，自和谐势垒函数是在凸优化的多项式时间算法的背景下设计的。Shami (2015) 研究了赌博机线性优化设置下的遗憾下界。

本章将期望遗憾作为性能指标。重要的文献致力于对遗憾的高概率保证。MAB 问题的高概率界在 Auer et al.(2003) 中给出，赌博机线性优化的高概率界在 Abernethy and Rakhlin(2009) 中给出。其他更精确的指标最近在 Dekel et al.(2012) 和 (Neu et al., 2014; Yu and Mannor, 2009; Even-Dar et al., 2009; Mannor and Shimkin, 2003; Yu et al, 2009) 中的适应性对手中进行了探索。

有关赌博机算法的最新综述，请参阅 (Lattimore and Szepesvári, 2020)。

6.7 练习

1. 证明任何算法求解 BCO 的遗憾下界：证明了对于单位球面上 BCO 的特殊情况，任何在线算法的遗憾为 $\Omega(\sqrt{T})$。

2. *强化上述约束：证明对于 BLO 在 d 维单位单纯形上的特殊情况，代价函数 ℓ_∞ 范数界为 1，任何在线算法在 $T \to \infty$ 时遗憾为 $\Omega(\sqrt{dT})$，最多相差一个 T 的对数项。

3. 令 $\mathcal{K}$ 为凸集。证明集合 $\mathcal{K}_\delta$ 是凸的。

4. 设 $\mathcal{K}$ 为凸函数，包含以 0 为中心的单位球。证明对于任意点 $\mathbf{x} \in \mathcal{K}_\delta$，中心在 $\mathbf{x}$ 半径为 δ 的球包含在 $\mathcal{K}$ 中。

5. 考虑带 H 强凸函数的 BCO 设置，H 是在线学习器的先验结果。证明在这种情况下，遗憾界可达 $\tilde{O}(T^{2/3})$。

提示：回想可以用 H 强凸函数在完整信息的 OCO 中获得 $O(\log T)$ 遗憾界，并回想记号 $\tilde{O}(\cdot)$ 隐藏了常数和多对数项。

6. 考虑下面的 BCO 设置：在每次迭代中，玩家可以观察到函数的**两个值**，而不是一个。也就是说，玩家给出 x_t, y_t，并观察 $f_t(x_t), f_t(y_t)$。遗憾是按 x_t 计算的，和往常一样：

$$\sum_t f_t(\mathbf{x}_t) - \min_{\mathbf{x}^\star \in \mathcal{K}} \sum_t f_t(\mathbf{x}^\star)$$

(a) 证明如何为 f_t 构造一个具有任意小偏差和固定方差的有偏梯度估计器,它与偏差无关。

(b) 证明如何使用上面的梯度估计器给出一个高效的算法,使得遗憾为 $O(\sqrt{T})$。

第7章

无投影算法

在许多计算和学习场景中，无论是在线还是离线，优化的主要瓶颈都是对底层决策集进行投影计算 (见 2.1.1 节)。本章介绍面向在线凸优化的无投影方法，可以在这些场景中获得更高效的算法。

本章以矩阵补全为例，它是推荐系统中被广泛使用和接受的模型。在矩阵补全及相关问题中，投影是一种昂贵的线性代数运算，在大数据应用中避免投影至关重要。

本章首先从经典的离线凸优化开始，描述条件梯度算法，也称为 Frank-Wolfe 算法。然后，描述线性优化比投影更有效的问题。最后，提出了一种 OCO 算法，该算法避免了投影，有利于线性优化，与离线对应算法的风格大致相同。

7.1 回顾：线性代数的相关概念

本章讨论长方形矩阵，它可以自然地为推荐系统等应用建模。考虑矩阵 $X \in \mathbb{R}^{n \times m}$。如果两个向量 $\mathbf{u} \in \mathbb{R}^n, \mathbf{v} \in \mathbb{R}^m$ 满足

$$X^\top \mathbf{u} = \sigma \mathbf{v}, \quad X\mathbf{v} = \sigma \mathbf{u}$$

则非负数 $\sigma \in \mathbb{R}_+$ 被称作 X 的奇异值。

向量 **u,v** 分别被称作左奇异向量和右奇异向量。非零奇异值是矩阵 $XX^\top$(和 $X^\top X$) 特征根的平方根。矩阵 X 可写作

$$X = U\Sigma V^\top \,,\ U \in \mathbb{R}^{n\times\rho}\,,\ V^\top \in \mathbb{R}^{\rho\times m}$$

其中，$\rho = \min\{n, m\}$，矩阵 U 是 X 左奇异向量构成的正交基，矩阵 V 是右奇异向量构成的正交基，Σ是由奇异值构成的对角线矩阵。这种形式被称作 X 的奇异值分解。

X 的非零奇异值的个数称为秩，记作 $k \le \rho$。X 的核范数定义为其奇异值的 ℓ_1 范数，并记作

$$\|X\|_* = \sum_{i=1}^{\rho}\sigma_i$$

可以证明 (见练习)，核范数等于矩阵与其转置乘积的平方根的迹，即，

$$\|X\|_* = \mathbf{Tr}(\sqrt{X^\top X})$$

记两矩阵内积 $A \bullet B$ 为 $\mathbb{R}^{n\times m}$ 中的向量，即

$$A \bullet B = \sum_{i=1}^{n}\sum_{j=1}^{m}A_{ij}B_{ij} = \mathbf{Tr}(AB^\top)$$

7.2　动机：推荐系统

随着互联网的出现和在线媒体商店的兴起，媒体推荐发生了巨大的变化。收集的大量数据为高效聚类和准确预测用户对各种媒体的偏好提供了可能。一个著名的例子是所谓的"Netflix 挑战"——一种从用户电影偏好的大型数据集中进行推荐的自动化工具竞赛。

自动推荐系统最成功的方法之一是矩阵补全，这在 Netflix 的竞赛中得到了证明。这个问题的最简单描述如下。

整个用户-媒体偏好对的数据集被认为是一个部分观测到的矩阵。因此，矩阵中的一行表示每个人，每列表示一个媒体项 (电影)。为了简单起见，把观察结果看作是二进制的——一个人喜欢或不喜欢某一部电影。因此，有矩阵 $M \in \{0, 1, *\}^{n\times m}$，其中 n 是考虑的人数，M 是电

影库中的电影数量，0/1 和 * 分别表示"不喜欢""喜欢""未知"。

$$M_{ij} = \begin{cases} 0, & \text{用户 } i \text{ 不喜欢电影 } j \\ 1, & \text{用户 } i \text{ 喜欢电影 } j \\ *, & \text{偏好未知} \end{cases}$$

一个自然的目标是补全矩阵，即正确地将 0 或 1 分配给未知条目。根据目前的定义，这个问题是病态的，因为任何补全都是同样好的 (或坏的)，并且没有对补全进行任何限制。

对补全的常见限制是"真"值矩阵的秩很低。回顾矩阵 $X \in \mathbb{R}^{n \times m}$ 的秩 $k < \rho = \min\{n, m\}$，当且仅当它可以写成

$$X = UV, \ U \in \mathbb{R}^{n \times k}, V \in \mathbb{R}^{k \times m}$$

对这个属性的直观解释是，M 中的每个元素都可以用 k 个数字来解释。在矩阵补全中，直观地说，这意味着只有 k 个因子决定一个人对电影的偏好，如类型、导演、演员等。

现在简单的矩阵补全问题可以很好地表述为以下数学规划问题。用 $\|\cdot\|_{ob}$ 表示仅在 M 的观测 (非星标) 元素上的 Euclidean 范数，即：

$$\|X\|_{ob}^2 = \sum_{M_{ij} \neq *} X_{ij}^2$$

矩阵补全的数据规划问题为

$$\min_{X \in \mathbb{R}^{n \times m}} \frac{1}{2} \|X - M\|_{ob}^2$$
$$\text{s.t.} \quad \text{rank}(X) \leq k$$

由于矩阵的秩约束是非凸的，标准的做法是考虑用核范数代替秩约束。众所周知，如果奇异值的界为 1，则核范数是矩阵秩的下界 (见练习)。因此，可得以下矩阵补全的凸规划：

$$\min_{X \in \mathbb{R}^{n \times m}} \frac{1}{2} \|X - M\|_{ob}^2 \tag{7.1}$$
$$\text{s.t.} \quad \|X\|_* \leq k$$

接下来，考虑求解该凸优化问题的算法。

7.3 条件梯度法

本节将回到凸优化的基础——如第 2 章所述的凸域上的最小化凸函数。

条件梯度 (Conditional Gradient，CG) 方法，或 Frank-Wolfe 算法，是一种在凸集 $\mathcal{K} \subseteq \mathbb{R}^n$ 上最小化光滑凸函数 f 的简单算法。该方法的吸引力在于它是一种一阶内点方法——迭代始终位于凸集内部，因此不需要投影，并且每次迭代的更新步骤只需要最小化集合上的线性目标。这一基本方法在算法 7.1 中给出。

算法 7.1　条件梯度

1：输入：步长 $\{\eta_t \in (0,1],\ t \in [T]\}$，初始点 $\mathbf{x}_1 \in \mathcal{K}$
2：**for** t =1 至 T **do**
3：　　$\mathbf{v}_t \leftarrow \arg\min_{\mathbf{x} \in \mathcal{K}} \left\{ \mathbf{x}^\top \nabla f(\mathbf{x}_t) \right\}$
4：　　$\mathbf{x}_{t+1} \leftarrow \mathbf{x}_t + \eta_t(\mathbf{v}_t - \mathbf{x}_t)$
5：**end for**

注意，在 CG 方法中，迭代 $\mathbf{x}_t$ 的更新可能不是在梯度方向上，因为 $\mathbf{v}_t$ 是在负梯度方向上的线性优化过程。如图 7.1 所示。

定理 7.1 给出了该算法在光滑函数上有本质上严格的性能保证。回顾第 2 章中的标记：$\mathbf{x}^\star$ 表示 f 在 $\mathcal{K}$ 上的全局最小化值点，D 表示集合 $\mathcal{K}$ 的直径，且 $h_t = f(\mathbf{x}_t) - f(\mathbf{x}^\star)$ 表示迭代 t 时目标的次优值。

定理 7.1　将 CG 算法应用于具有步长 $\eta_t = \min\{1, \frac{2}{t}\}$ 的 β 光滑函数，可得到以下收敛性保证：

$$h_t \leq \frac{2\beta D^2}{t}$$

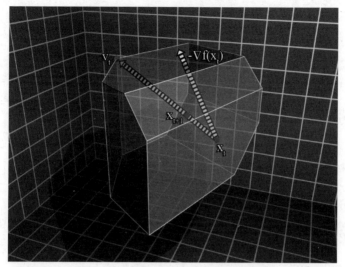

图 7.1　条件梯度算法计算过程中的方向

证明　如本书前面所述，记 $\nabla_t = \nabla f(\mathbf{x}_t)$。对任意步长，有

$$f(\mathbf{x}_{t+1}) - f(\mathbf{x}^\star) = f(\mathbf{x}_t + \eta_t(\mathbf{v}_t - \mathbf{x}_t)) - f(\mathbf{x}^\star)$$

$$\leq f(\mathbf{x}_t) - f(\mathbf{x}^\star) + \eta_t(\mathbf{v}_t - \mathbf{x}_t)^\top \nabla_t + \eta_t^2 \frac{\beta}{2}\|\mathbf{v}_t - \mathbf{x}_t\|^2 \qquad \text{光滑}$$

$$\leq f(\mathbf{x}_t) - f(\mathbf{x}^\star) + \eta_t(\mathbf{x}^\star - \mathbf{x}_t)^\top \nabla_t + \eta_t^2 \frac{\beta}{2}\|\mathbf{v}_t - \mathbf{x}_t\|^2 \qquad \mathbf{v}_t \text{ 的选择}$$

$$\leq f(\mathbf{x}_t) - f(\mathbf{x}^\star) + \eta_t(f(\mathbf{x}^\star) - f(\mathbf{x}_t)) + \eta_t^2 \frac{\beta}{2}\|\mathbf{v}_t - \mathbf{x}_t\|^2 \qquad \text{凸的}$$

$$\leq (1 - \eta_t)(f(\mathbf{x}_t) - f(\mathbf{x}^\star)) + \frac{\eta_t^2 \beta}{2}D^2 \tag{7.2}$$

得到归纳结论 $h_{t+1} \leq (1 - \eta_t)h_t + \eta_t^2 \frac{\beta D^2}{2}$，且根据引理 7.1 可得，

$$h_t \leq \frac{2\beta D^2}{t}$$

引理 7.1　令 $\{h_t\}$ 是一个满足下列归纳的序列

$$h_{t+1} \leq h_t(1 - \eta_t) + \eta_t^2 c$$

然后取 $\eta_t = \min\{1, \frac{2}{t}\}$ 蕴含

$$h_t \le \frac{4c}{t}$$

证明 在 t 上进行归纳得证。

归纳基础 对 $t=1$，有
$$h_2 \le h_1(1-\eta_1) + \eta_1^2 c = c \le 4c$$

归纳步

$$
\begin{aligned}
h_{t+1} &\le (1-\eta_t)h_t + \eta_t^2 c \\
&\le \left(1-\frac{2}{t}\right)\frac{4c}{t} + \frac{4c}{t^2} \qquad \text{归纳假设} \\
&= \frac{4c}{t}\left(1-\frac{1}{t}\right) \\
&\le \frac{4c}{t}\cdot\frac{t}{t+1} \qquad \frac{t-1}{t} \le \frac{t}{t+1} \\
&= \frac{4c}{t+1}
\end{aligned}
$$

示例：使用CG的矩阵补全

作为一个应用了条件梯度算法的例子，回顾式 (7.1) 给出的数学规划问题。目标函数在点 X^t 处的梯度为

$$\nabla f(X^t) = (X^t - M)_{ob} = \begin{cases} X_{ij}^t - M_{ij}, & (i,j) \in OB \\ \\ 0, & \text{其他} \end{cases} \tag{7.3}$$

在有限核范数矩阵集合上，算法 7.1 中第 3 行的线性优化变为，

$$\min X \bullet \nabla_t, \quad \nabla_t = \nabla f(X_t)$$
$$\text{s.t. } \|X\|_* \le k$$

为简单起见，考虑方形对称矩阵，其核范数与迹范数等价，上述优化问题变为

$$\min X \bullet \nabla_t$$
$$\text{s.t. } \mathbf{Tr}(X) \leq k$$

可以证明，这个规划问题等价于 (见练习)：

$$\min_{\mathbf{x} \in \mathbb{R}^n} \mathbf{x}^\top \nabla_t \mathbf{x}$$
$$\text{s.t. } \|\mathbf{x}\|_2^2 \leq k$$

因此，这是一个伪装的特征向量计算问题！使用幂法计算矩阵的最大特征向量需要线性时间，这种方法也适用于计算矩形矩阵的最大奇异值。利用这一方法，算法 7.1 中第 3 行在数学规划问题 (式 7.1) 的意义下变成计算 $v_{\max}(-\nabla f(X^t))$，即 $-\nabla f(X^t)$ 的最大特征向量。算法 7.1 采用了算法 7.2 中描述的修改形式。

算法 7.2 矩阵补全的条件梯度

1: 令 X^1 为 $\mathcal{K}$ 中迹是 k 的任意矩阵
2: **for** t=1 至 T **do**
3:     $\mathbf{v}_t = \sqrt{k} \cdot v_{\max}(-\nabla_t)$
4:     对于 $\eta_t \in (0,1)$, $X^{t+1} = X^t + \eta_t(\mathbf{v}_t\mathbf{v}_t^\top - X^t)$
5: **end for**

与其他梯度法对比　这与之前解决相同矩阵补全问题的凸优化方法相比，如何？作为一个凸规划，可以应用梯度下降，或者在这种情况下更有利的是 3.4 节中介绍的随机梯度下降方法。回顾目标函数在点 X^t 处梯度采用的简单形式 (7.3)。梯度的随机估计可以通过观察矩阵 M 的单个元素获得，且由于梯度估计器是稀疏的，更新自身需要常数时间。然而，投影步骤要困难得多。

在这种情况下，凸集 $\mathcal{K}$ 是有界核范数矩阵的集合。将一个矩阵投影到这个集合上，相当于计算该矩阵的 SVD，其计算复杂度与矩阵对角化或求逆算法类似。已知最好的矩阵对角化算法在矩阵规模上是超线

性的，因此对于应用中常见的大型数据集来说是不切实际的。

相比之下，CG 方法根本不需要投影，而是用凸集上的线性优化步骤替换它们，观察到这相当于奇异向量计算。后者可以通过幂法或 Lanczos 算法 (见 7.6 节) 实现，其时间复杂度为线性的。

因此，条件梯度方法允许数学规划优化式 (7.1) 时每次迭代的线性时间操作 (使用幂法的特征向量)，而不是梯度下降法中所需明显更昂贵的计算 (求 SVD)。

7.4 投影与线性优化

前面描述的条件梯度 (Frank-Wolfe) 算法并不依赖于投影，而是计算一个如下形式的线性优化问题

$$\arg\min_{\mathbf{x}\in\mathcal{K}}\left\{\mathbf{x}^{\top}\mathbf{u}\right\} \tag{7.4}$$

CG 方法在什么情况下更适合计算？迭代优化算法的整体计算复杂度是迭代次数和每次迭代的计算成本的乘积。CG 方法不像最有效的梯度下降算法那样收敛，这意味着它需要更多的迭代来产生可比精度水平的解。然而，对于许多有趣的场景，线性优化步 (式 7.4) 的计算成本明显低于投影步。

下面给出几个问题的例子，这些问题有非常高效的线性优化算法，而最高水平的投影计算算法明显要慢得多。

推荐系统与矩阵预测　在 7.3 节矩阵补全中指出的例子中，已知投影到谱多面体 (spectahedron) 上的方法，或更一般的有界核范数球，需要奇异值分解，而最好的方法需要超线性时间。相比之下，CG 方法需要最大特征向量的计算，而幂方法 (或更复杂的 Lanczos 算法) 可以在线性时间内完成。

网络路由与凸图问题　各种路由和图问题可以建模为凸集上的凸优化问题，该凸集称为流多面体。

考虑一个具有 m 边的有向无环图，源节点标记为 s，目标节点标记为 t。图中从 s 到 t 的每一条路径都可以用它的标识向量 (Identifying

Vector) 表示，即 $\{0,1\}^m$ 中的一个向量，其中设置为 1 的元素对应路径的边。图的流多面体是所有从 s 到 t 简单路径标识向量的凸包。如果假设每条边都有单位流容量，那么这个多面体也正好是图中所有单位 s-t 流的集合 (在这里，一个流表示为 $\mathbb{R}^m$ 中的一个向量，其中每个元素是通过相应边的流量)。

由于流多面体只是图中 s-t 路径的凸包，因此最小化其上的线性目标相当于找到一条给定边权重的最小权重路径。对于最短路径问题，有非常高效的组合优化算法，即 Dijkstra 算法。

因此，将 CG 算法应用于求解流多面体上的**任意**凸优化问题，只需要进行迭代最短路径计算。

排序和置换　置换矩阵是表示排列或排序的常用方法。例如，$\{0,1\}^{n \times n}$ 上的方阵，每行和每列都只包含一个元素。

双随机矩阵是具有非负元素的实值方阵，其中每行与每列元素之和为 1。定义所有双随机矩阵的多面体称为 BVN(Birkhoff-von Neumann) 多面体。BVN 定理表明，该多面体是所有 $n \times n$ 置换矩阵的凸包。

由于置换矩阵对应于全连通二部图中的完美匹配，因此该多面体上的线性最小化问题对应于在二部图中寻找最小权值完美匹配。

考虑 BVN 多面体上的一个凸优化问题。CG 算法将迭代地求解 BVN 多面体上的线性优化问题，从而迭代地求解二分图上的最小权完美匹配问题，这是一个已经被广泛研究的组合优化问题，已经知道有效的算法。相比之下，其他基于梯度的方法需要投影，这是 BVN 多面体上的二次优化问题。

拟阵多面体　一个拟阵是一对 (E, I)，其中 E 是元素的集合，I 是 E 的子集的集合，称为独立集，它们满足各种有趣的性质，类似于向量空间中的线性独立性概念。拟阵在组合优化中被广泛研究，一个关键的例子是图形拟阵，其中集合 E 是给定图的边的集合，集合 I 是 E 的所有无环子集的集合。在这种情况下，I 包含图的所有生成树。一个子集 $S \in I$ 可以表示为它的标识向量，该标识向量位于 $\{0,1\}^{|E|}$ 中，从而得到 I 中集合的所有标识向量的凸包，即拟阵多面体。某些拟阵多面体是由指数级线性不等式 (以 $|E|$ 为指数) 定义的，这使得对它们的优化变得困难。

　　另一方面，拟阵多面体上的线性优化只需要一个简单的贪婪算法，其复杂度接近线性时间。因此，CG 方法是一种高效的算法，可以通过简单的贪心过程迭代地求解任何拟阵上的凸优化问题。

7.5　在线条件梯度算法

　　本节给出了一种基于条件梯度方法的无投影 OCO 算法，该算法是无投影的，从而将 CG 方法的计算优势发挥到在线设置中。

　　直接将 CG 方法应用于 OCO 设置中的在线表现函数是很诱人的，例如 3.1 节中的 OGD 算法。然而，可以证明，只考虑最后一个代价函数的方法注定会失败。原因是条件梯度方法考虑了梯度的方向，而对梯度的大小不敏感。

　　相反，将 CG 算法步骤应用于前面所有代价函数的总和，并添加了 Euclidean 正则化项。由此得到的算法在算法 7.3 中形式化给出了。

算法 7.3　在线条件梯度 (OCG)

1: 输入：凸集 $\mathcal{K}, T, \mathbf{x}_1 \in \mathcal{K}$，参数 $\eta, \{\sigma_t\}$

2: **for** $t = 1, 2, \ldots, T$ **do**

3:　　　执行 $\mathbf{x}_t$ 并观测 f_t

4:　　　令 $F_t(\mathbf{x}) = \eta \sum_{\tau=1}^{t-1} \nabla_\tau^\top \mathbf{x} + \|\mathbf{x} - \mathbf{x}_1\|^2$

5:　　　计算 $\mathbf{v}_t = \arg\min_{\mathbf{x} \in \mathcal{K}} \{\nabla F_t(\mathbf{x}_t) \cdot \mathbf{x}\}$

6:　　　令 $\mathbf{x}_{t+1} = (1 - \sigma_t)\mathbf{x}_t + \sigma_t \mathbf{v}_t$

7: **end for**

　　可以证明该算法的遗憾界如下。虽然与之前看到的上界相比，这个遗憾界是次优的，但它的次优性被算法较低的计算成本补偿了。

定理 7.2　*参数为 $\eta = \frac{D}{2GT^{3/4}}, \sigma_t = \min\{1, \frac{2}{t^{1/2}}\}$ 的在线条件梯度 (算法 7.3)，可得如下保证*

$$\text{Regret}_T = \sum_{t=1}^{T} f_t(\mathbf{x}_t) - \min_{\mathbf{x}^\star \in \mathcal{K}} \sum_{t=1}^{T} f_t(\mathbf{x}^\star) \leq 8\,\text{DGT}^{3/4}$$

作为分析算法 7.3 的第一步，考虑点：

$$\mathbf{x}_t^\star = \arg\min_{\mathbf{x}\in\mathcal{K}} F_t(\mathbf{x})$$

这 些 正 是 第 5 章 中 的 RFTL 算 法 的 迭 代， 即 正 则 化 项 为 $R(\mathbf{x}) = \|\mathbf{x}-\mathbf{x}_1\|^2$ 的算法 5.1，在代价函数上附加了一个位移，即：

$$\tilde{f}_t = f_t(\mathbf{x} + (\mathbf{x}_t^\star - \mathbf{x}_t))$$

原因是算法 7.3 中的 ∇_t 指的是 $\nabla f_t(\mathbf{x}_t)$，而在 RFTL 算法中有 $\nabla_t = \nabla f_t(\mathbf{x}_t^\star)$。注意，对于任意点 $\mathbf{x}\in\mathcal{K}$，有 $|f_t(\mathbf{x}) - \tilde{f}_t(\mathbf{x})| \le G\|\mathbf{x}_t - \mathbf{x}_t^\star\|$。因此，根据定理 5.1，有

$$\sum_{t=1}^{T} f_t(\mathbf{x}_t^\star) - \sum_{t=1}^{T} f_t(\mathbf{x}^\star)$$

$$\le 2G\sum_t \|\mathbf{x}_t - \mathbf{x}_t^\star\| + \sum_{t=1}^{T}\tilde{f}_t(\mathbf{x}_t^\star) - \sum_{t=1}^{T}\tilde{f}_t(\mathbf{x}^\star)$$

$$\le 2G\sum_t \|\mathbf{x}_t - \mathbf{x}_t^\star\| + 2\eta GT + \frac{1}{\eta}D \tag{7.5}$$

使用之前的符号，记 $h_t(\mathbf{x}) = F_t(\mathbf{x}) - F_t(\mathbf{x}_t^\star)$，且 $h_t = h_t(\mathbf{x}_t)$。需要证明的主要引理如下，它根据聚合函数 F_t 将迭代点 $\mathbf{x}_t$ 与最优点关联起来。

引理 7.2　算法 7.3 的迭代点 $\mathbf{x}_t$ 对所有 $t \ge 1$ 满足

$$h_t \le 2D^2\sigma_t$$

证明　由于函数 F_t 是 1 光滑的，应用离线 Frank-Wolfe 分析技术，特别是将式 (7.2) 应用于函数 F_t 可得：

$$h_t(\mathbf{x}_{t+1}) = F_t(\mathbf{x}_{t+1}) - F_t(\mathbf{x}_t^\star)$$

$$\le (1 - \sigma_t)(F_t(\mathbf{x}_t) - F_t(\mathbf{x}_t^\star)) + \frac{D^2}{2}\sigma_t^2 \qquad 式(7.2)$$

$$= (1 - \sigma_t)h_t + \frac{D^2}{2}\sigma_t^2$$

此外，根据 F_t 和 h_t 的定义，有

$$
\begin{aligned}
h_{t+1} &= F_t(\mathbf{x}_{t+1}) - F_t(\mathbf{x}_{t+1}^\star) + \eta\nabla_{t+1}(\mathbf{x}_{t+1} - \mathbf{x}_{t+1}^\star) \\
&\leq h_t(\mathbf{x}_{t+1}) + \eta\nabla_{t+1}(\mathbf{x}_{t+1} - \mathbf{x}_{t+1}^\star) \qquad F_t(\mathbf{x}_t^\star) \leq F_t(\mathbf{x}_{t+1}^\star) \\
&\leq h_t(\mathbf{x}_{t+1}) + \eta G\|\mathbf{x}_{t+1} - \mathbf{x}_{t+1}^\star\| \qquad \text{Cauchy-Schwarz 不等式}
\end{aligned}
$$

由于 F_t 是 1 强凸的，有

$$
\|\mathbf{x} - \mathbf{x}_t^\star\|^2 \leq F_t(\mathbf{x}) - F_t(\mathbf{x}_t^\star)
$$

因此，

$$
\begin{aligned}
h_{t+1} &\leq h_t(\mathbf{x}_{t+1}) + \eta G\|\mathbf{x}_{t+1} - \mathbf{x}_{t+1}^\star\| \\
&\leq h_t(\mathbf{x}_{t+1}) + \eta G\sqrt{h_{t+1}} \\
&\leq h_t(1 - \sigma_t) + \frac{1}{2}D^2\sigma_t^2 + \eta G\sqrt{h_{t+1}} \qquad \text{上面推导} \\
&\leq h_t(1 - \frac{5}{6}\sigma_t) + \frac{5}{8}D^2\sigma_t^2 \qquad\qquad \text{式 (7.6)}
\end{aligned}
$$

上面使用了如下推导，通过选定参数 $\eta = \frac{D}{2GT^{3/4}}$ 和 $\sigma_t = \min\{1, \frac{2}{t^{1/2}}\}$：
由于 η, G, h_t 都是非负的，有

$$
\begin{aligned}
\eta G\sqrt{h_{t+1}} &= \left(\sqrt{D}G\eta\right)^{2/3}\left(\frac{G\eta}{D}\right)^{1/3}\sqrt{h_{t+1}} \\
&\leq \frac{1}{2}\left(\sqrt{D}G\eta\right)^{4/3} + \frac{1}{2}\left(\frac{G\eta}{D}\right)^{2/3}h_{t+1} \qquad (7.6) \\
&\leq \frac{1}{8}D^2\sigma_t^2 + \frac{1}{6}\sigma_t h_{t+1}
\end{aligned}
$$

现在用归纳法断言定理 7.2 的结论。归纳的基础是，对于 $t=1, F_1$ 的定义蕴含着

$$
h_1 = F_1(\mathbf{x}_1) - F_1(\mathbf{x}^\star) = \|\mathbf{x}_1 - \mathbf{x}^\star\|^2 \leq D^2 \leq 2D^2\sigma_1
$$

假设在 t 时界是成立的，现在证明对 $t+1$ 时界也成立：

$$
\begin{aligned}
h_{t+1} &\leq h_t(1 - \frac{5}{6}\sigma_t) + \frac{5}{8}D^2\sigma_t^2 \\
&\leq 2D^2\sigma_t\left(1 - \frac{5}{6}\sigma_t\right) + \frac{5}{8}D^2\sigma_t^2 \\
&\leq 2D^2\sigma_t\left(1 - \frac{\sigma_t}{2}\right) \\
&\leq 2D^2\sigma_{t+1}
\end{aligned}
$$

这就是需要的结论。最后一个不等式是由 σ_t 的定义得到的（见练习）。

下面利用引理 7.2 证明定理 7.2：

定理 7.2 的证明　由定义，函数 F_t 是 1 强凸的。因此对于 $\mathbf{x}_t^\star = \arg\min_{\mathbf{x}\in\mathcal{K}} F_t(\mathbf{x})$，有：

$$\|\mathbf{x} - \mathbf{x}_t^\star\|^2 \le F_t(\mathbf{x}) - F_t(\mathbf{x}_t^\star)$$

令 $\eta = \frac{D}{2GT^{3/4}}$，注意这满足引理 7.2 的约束，即要求 $\eta G\sqrt{h_{t+1}} \le \frac{D^2}{2}\sigma_t^2$。此外，当 T 足够大时，$\eta < 1$。故，

$$\begin{aligned}
f_t(\mathbf{x}_t) - f_t(\mathbf{x}_t^\star) &\le G\|\mathbf{x}_t - \mathbf{x}_t^\star\| \\
&\le G\sqrt{F_t(\mathbf{x}_t) - F_t(\mathbf{x}_t^\star)} \\
&\le 2GD\sqrt{\sigma_t} \qquad \text{引理 7.2} \quad (7.7)
\end{aligned}$$

把所有的东西放在一起，可得：

$$\begin{aligned}
\text{Regret}_T(OCG) &= \sum_{t=1}^T f_t(\mathbf{x}_t) - \sum_{t=1}^T f_t(\mathbf{x}^\star) \\
&= \sum_{t=1}^T [f_t(\mathbf{x}_t) - f_t(\mathbf{x}_t^\star) + f_t(\mathbf{x}_t^\star) - f_t(\mathbf{x}^\star)] \\
&\le \sum_{t=1}^T 2GD\sqrt{\sigma_t} + \sum_t [f_t(\mathbf{x}_t^\star) - f_t(\mathbf{x}^\star)] \qquad \text{由式 (7.7) 推出} \\
&\le 4GDT^{3/4} + \sum_t [f_t(\mathbf{x}_t^\star) - f_t(\mathbf{x}^\star)] \\
&\le 4GDT^{3/4} + 2G\sum_t \|\mathbf{x}_t - \mathbf{x}_t^\star\| + 2\eta GT + \frac{1}{\eta}D \qquad \text{由式 (7.5) 推出}
\end{aligned}$$

因此可得：

$$\begin{aligned}
\text{Regret}_T(OCG) &\le 4GDT^{3/4} + 2\eta G^2 T + \frac{D^2}{\eta} \\
&\le 4GDT^{2/3} + DGT^{1/4} + 2DGT^{3/4} \le 8DGT^{3/4}
\end{aligned}$$

7.6　文献评述

矩阵补全模型自从在推荐系统中出现以来就非常流行 (Srebro, 2004; Rennie and Srebro, 2005; Salakhutdinov and Srebro, 2010; Lee et al., 2010; Candes and Recht, 2009; Shamir and Shalev-Shwartz, 2011)。

条件梯度算法是由 Frank and Wolfe (1956) 的开创性论文设计的。由于 FW 算法对大规模约束问题的适用性，它已经成为最近机器学习应用中的首选方法。举几个例子：(Hazan, 2008; Jaggi and Sulovský, 2010; Lacoste-Julien et al., 2013; Jaggi, 2013, Dudík et al., 2012; Harchaouiet al., 2012; Hazan and Kale, 2012; Shalev-Shwartz et al., 2011; Bach et al., 2012; Tewari et al., 2011; Garber and Hazan, 2011, 2013; Belletet al., 2014)。在矩阵补全和推荐系统的情境中，几个更快的 Frank-Wolfe 方法变体被提出了 (Garber, 2016; Allen-Zhu et al., 2017)。

在线条件梯度算法是在 Hazan and Kale (2012) 中提出的。对于多面体集合上的特殊情形，能够达到 $O(\sqrt{T})$ 界的最优遗憾算法是由 Garber and Hazan(2013) 设计的。

最近的工作考虑使用方差缩减加速的无投影优化 (Lan and Zhou, 2016; Hazan and Luo, 2016)，以及使用随机梯度 Oracles 的无投影算法 (Mokhtari et al., 2018; Chen et al., 2018; Xie et al., 2019)。

计算特征向量的幂方法和 Lanczos 方法的运行时间分析请参阅 Kuczyński and Woźniakowski(1992)。有关快速计算奇异值分解的现代算法，请参见 (Allen-Zhu and Li, 2016; Musco and Musco, 2015)。

7.7　练习

1. 证明如果奇异值小于或等于 1, 则核范数是秩的下界，即证明
$$\text{rank}(X) \geq \|X\|_*$$

2. 利用下式证明迹与核范数有关

$$\|X\|_* = \mathbf{Tr}(\sqrt{XX^\top}) = \mathbf{Tr}(\sqrt{X^\top X})$$

3. 在这个问题中，证明最大化一个谱多面体上的线性函数可以简化为一个最大特征向量的计算。

(a) 对一个对称的 $C \in \mathbb{R}^{d \times d}$，考虑如下数据规划问题：

$$\max X \bullet C$$

$$X \in S_d = \{X \in \mathbb{R}^{d \times d}, \ X \succcurlyeq 0, \ \mathbf{Tr}(X) \le 1\}$$

证明它与数学规划有相同的解：

$$\max_{\mathbf{x} \in \mathbb{R}^d} \mathbf{x}^\top C \mathbf{x}$$

$$\text{s.t. } \|\mathbf{x}\|_2 \le 1$$

(b) 证明如何使用特征向量计算来最大化谱多面体上的一般 (a-对称) 线性函数。

4. 证明对正整数 $t>0$，任意 $c \in [0,1]$ 和 $\sigma_t = \frac{2}{t^c}$，下式成立

$$\sigma_t(1 - \frac{\sigma_t}{2}) \le \sigma_{t+1}$$

5. 从网上下载 MovieLens 数据集。实现基于矩阵补全模型的在线推荐系统：实现矩阵补全的 OCG 和 OGD 算法。衡量你的结果。

第 *8* 章

博弈，对偶与遗憾

本章将把迄今为止学到的知识与最优化和博弈论中一些最有趣的概念联系起来，将利用具有次线性遗憾的在线凸优化算法的存在性来证明两个基本性质：数学优化中的凸对偶性 (convex duality) 以及博弈论中的冯·诺依曼极小极大定理 (minimax theorem)。

历史上，博弈论是由冯·诺依曼在 20 世纪 30 年代早期发展起来的。十年后，George Dantzig 在一条完全不同的科学线索上提出了线性规划 (Linear Programming, LP) 理论。Dantzig 在他的回忆录中描述了 1947 年他和冯·诺依曼在普林斯顿的一次著名会议上会面。在这次会议上，根据 Dantzig 的描述，在描述了线性规划的几何和代数版本之后，冯·诺依曼基本上制定并证明了线性规划的对偶性。

> "我不想让你以为我像个魔术师一样，一时兴起就把这些东西从袖子里掏出来。我最近刚和 Oscar Morgenstern 完成了一本关于博弈理论的书。我所做的是推测这两个问题是等价的。我为你的问题列出的理论与我们为博弈开发的理论类似。"[1]

当时讨论的主题不是零和博弈均衡的存在性和唯一性，而是极小极大定理。这两个概念最初是用非常不同的数学技术获得和证明的：极小极大定理最初是用数学拓扑学中的机械证明的，而线性规划对偶性是用

1　摘自 [Gass, 2006]。

凸性和几何工具证明的。

半个多世纪后，Yoar Freund 和 Robert Schapire 将这两个当时被认为密切相关的概念与遗憾最小化联系在一起。本章将跟随他们的引领，介绍相关的概念，并使用本书早期开发的机制给出简明的证明。

如果你对线性规划有基本了解，而没有博弈论的背景，可以阅读和理解本章。本章简洁地定义了线性规划和零和博弈，但足以证明对偶定理和极小极大定理。读者可以参考有关线性规划和博弈论的大量精彩文章，以获得更全面的介绍和定义。

8.1 线性规划与对偶

线性规划是一种非常成功和实用的凸优化框架。在它众多的成功中，有一项诺贝尔奖是由于它在经济学上的应用而颁发的。这是第 2 章凸优化问题的一个特例，其中 $\mathcal{K}$ 是一个多面体 (即有限半空间集合的交集)，目标函数是一个线性函数。因此，线性规划问题可以描述如下，其中 ($A \in \mathbb{R}^{n \times m}$)：

$$\min \quad c^\top \mathbf{x}$$
$$\text{s.t.} \quad A\mathbf{x} \geq b$$

通过基本操作，上述公式可以转换为几种不同的形式。例如，任何 LP 都可以被转换为一个等价的 LP，其变量只接受非负值。这可以通过将每个变量 x 写成 $x = x^+ - x^-$，再加上 $x^+, x^- \geq 0$ 来完成。可以验证，这个变换会得到另一个 LP，它的变量是非负的，并且包含的变量最多是前者的两倍 (更多细节见练习部分)。

现在来定义 LP 中的一个中心概念，并给出对偶定理。

定理 8.1(对偶定理)   给定一个线性规划问题：

$$\min \quad c^\top \mathbf{x}$$
$$s.t. \quad A\mathbf{x} \geq b$$
$$\mathbf{x} \geq 0$$

其对偶规划定义为：

$$\max \quad b^\top \mathbf{y}$$

$$s.t. \quad A^\top \mathbf{y} \le c$$

$$\mathbf{y} \ge 0$$

两个问题的目标要么相等，要么无界。

本章没有直接研究对偶性，而是继续定义零和博弈和对偶性的类似概念。

8.2 零和博弈与均衡

博弈论是经济理论中一个既定的研究领域。这里对本章研究的主要概念作了简要的定义。

从大家都知道的零和博弈例子开始：石头剪刀布游戏。在这个博弈中，每个玩家都选择一个策略：石头、剪刀或布。赢家根据表 8.1 确定，其中 0 表示平局，-1 表示行玩家获胜，1 表示列玩家获胜。

表 8.1 零和博弈矩阵表示示例

-	剪刀	布	石头
石头	-1	1	0
布	1	0	-1
剪刀	0	-1	1

石头剪刀布游戏被称为"零和"博弈，因为人们可以将数字视为行玩家的损失 (损失 -1 为赢，1 为输，0 为平局)。在这种情况下，列玩家的损失正好与行玩家的损失相反。因此，在博弈的每个结果中，两个玩家遭受的损失之和为零。

注意，将一个玩家称为"行玩家"，另一个玩家称为"列玩家"，对应矩阵表示中的损失。这样的矩阵表示更通用。

定义 8.1 规范形式的两人零和博弈由矩阵 $A \in [-1, 1]^{n \times m}$ 给出。用策略 $i \in [n]$ 对弈的行玩家的损失等于用策略 $j \in [m]$ 对弈的列玩家的负损失 (奖励)，并且等于 A_{ij}。

事实上，损失可在$[-1, 1]$范围内任意取值，因为下面定义的重要概念是相对于缩放和常数平移的不变性。

博弈论的一个核心概念是均衡。关于均衡有许多不同的概念。在二人零和博弈中，纯均衡是一对策略$(i, j) \in [n] \times [m]$，满足如下性质：假设列玩家用$j$对弈，不存在优于$i$的策略——即每一个其他策略$k \in [n]$下给行玩家带来更高或相等的损失。均衡还要求策略$j$具有对称性质——如果行玩家用$i$对弈，则列玩家不被任何其他策略支配。

可以证明，有些博弈并不具有上述定义的纯均衡，例如石头剪刀布游戏。但是，可以将策略的概念扩展到混合策略——纯策略的分布。混合策略的损失是纯策略分布的期望损失。更正式地说，如果行玩家选择$\mathbf{x} \in \Delta_n$，列玩家选择$\mathbf{y} \in \Delta_m$，那么行玩家的预期损失（即列玩家的负奖励）为：

$$\mathbf{E}[\text{loss}] = \sum_{i \in [n]} \mathbf{x}_i \sum_{j \in [m]} \mathbf{y}_j A_{ij} = \mathbf{x}^\top A \mathbf{y}$$

现在可以将均衡的概念推广到混合策略。给定一个行策略$\mathbf{x}$，相对于列策略$\mathbf{y}$，它由$\tilde{\mathbf{x}}$支配，当且仅当

$$\mathbf{x}^\top A \mathbf{y} > \tilde{\mathbf{x}}^\top A \mathbf{y}$$

当且仅当$\mathbf{x}$没有被任何其他混合策略支配时，认为$\mathbf{x}$相对于$\mathbf{y}$是占优的。$(\mathbf{x} \mathbf{y})$是博弈A的均衡，当且仅当$\mathbf{x}$和$\mathbf{y}$都是占优的。在这一点上，找到石头剪刀布游戏的均衡对于读者来说是一个很好的练习。

在这一点上，一些问题自然就出现了：在给定的零和博弈中总是存在均衡吗？它的计算效率高吗？是否存在重复博弈策略自然地达到均衡？

我们将看到上述所有问题的答案都是肯定的。用一种不同的方式重新表述这些问题。考虑最优的行策略，即混合策略$\mathbf{x}$，无论列玩家做什么，期望损失都是最小的。对于行玩家来说，最优策略是：

$$\mathbf{x}^\star \in \arg\min_{\mathbf{x} \in \Delta_n} \max_{\mathbf{y} \in \Delta_m} \mathbf{x}^\top A \mathbf{y}$$

注意，使用标记$\mathbf{x}^\star$而不是$\mathbf{x}^\star=$，因为通常情况下，在最差情况下达到最小损失的策略集合可以包含多个策略。类似地，列玩家的最佳策

略是：

$$\mathbf{y}^\star \in \arg\max_{\mathbf{y}\in\Delta_m}\ \min_{\mathbf{x}\in\Delta_n}\ \mathbf{x}^\top A\mathbf{y}$$

采用这些策略，无论列玩家怎么做，行玩家的付出都不会超过

$$\lambda_R = \min_{\mathbf{x}\in\Delta_n}\ \max_{\mathbf{y}\in\Delta_m}\ \mathbf{x}^\top A\mathbf{y} = \max_{\mathbf{y}\in\Delta_m}\ \mathbf{x}^{\star\top} A\mathbf{y}$$

且列玩家将获得至少

$$\lambda_C = \max_{\mathbf{y}\in\Delta_m}\ \min_{\mathbf{x}\in\Delta_n}\ \mathbf{x}^\top A\mathbf{y} = \min_{\mathbf{x}\in\Delta_n}\ \mathbf{x}^\top A\mathbf{y}^\star$$

根据这些定义，可以描述冯·诺依曼著名的极小极大定理。

定理 8.2(冯·诺依曼极小极大定理) 在任意零和博弈中，$\lambda_R = \lambda_C$ 成立。

定理 8.2 肯定地回答了上述所有问题。$\lambda^\star = \lambda_C = \lambda_R$ 被称为博弈的值，它的存在性和唯一性意味着，在可取最优的集合中，任何 $\mathbf{x}^\star$ 和 $\mathbf{y}^\star$ 都是一个均衡。

下面继续给出冯·诺依曼定理的构造性证明，该证明还给出了一个有效的算法以及收敛于该算法的自然重复博弈策略。

冯·诺依曼定理与LP对偶性的等价性

冯·诺依曼定理与线性规划的对偶定理在很大程度上是等价的，二者中的任何一个都通过简单的归约蕴含了另一个。因此，仅证明冯·诺依曼定理即可证明对偶定理。

等价性的第一部分通过将零和博弈表示为原始对偶线性规划实例来展示，就像现在做的那样。

注意，最优行策略和值的定义等价于下面的 LP：

$$
\begin{aligned}
\min \quad & \lambda \\
\text{s.t.} \quad & \sum \mathbf{x}_i = 1 \\
& \forall i \in [m]\ .\ \mathbf{x}^\top A e_i \leq \lambda \\
& \forall i \in [n]\ .\ \mathbf{x}_i \geq 0
\end{aligned}
$$

要看到上述的最优 LP 是在 λ_R 获得的，注意约束 $\mathbf{x}^\top Ae_i \leq \lambda$ $\forall i \in [m]$ 等价于约束 $\forall \mathbf{y} \in \Delta_m . \mathbf{x}^\top Ay \leq \lambda$，因为：

$$\forall \mathbf{y} \in \Delta_m . \quad \mathbf{x}^\top Ay = \sum_{j=1}^m \mathbf{x}^\top Ae_j \cdot \mathbf{y}_j \leq \lambda \sum_{j=1}^m \mathbf{y}_j = \lambda$$

下面的公式给出了上述 LP 的对偶规划问题：

$$\begin{aligned} \max \quad & \mu \\ \text{s.t.} \quad & \sum \mathbf{y}_i = 1 \\ & \forall i \in [n] . e_i^\top Ay \geq \mu \\ & \forall i \in [m] . \mathbf{y}_i \geq 0 \end{aligned}$$

利用类似的参数，这个对偶规划问题精确地定义了 λ_C 和 $\mathbf{y}^\star$。对偶定理断言 $\lambda_R = \lambda_C = \lambda^\star$，由此给出了冯·诺依曼定理。

另一个方向，即证明冯·诺依曼定理意味着 LP 对偶性稍微复杂一些。基本上，人们可以将任何 LP 转换为零和博弈的格式。需要特别注意要确保原始 LP 切实可行，因为零和博弈总是可行的，而线性规划则不一定可行。细节留在本章末尾作为练习。

8.3 冯·诺依曼定理证明

本节利用具有次线性遗憾的在线凸优化算法给出了冯·诺依曼定理的证明。

定理的第一部分，在 LP 中也被称为弱对偶性，相当简单。

方向 1（$\lambda_R \geq \lambda_C$）：

证明

$$\begin{aligned} \lambda_R &= \min_{\mathbf{x} \in \Delta_n} \max_{\mathbf{y} \in \Delta_m} \mathbf{x}^\top Ay \\ &= \max_{\mathbf{y} \in \Delta_m} \mathbf{x}^{\star\top} Ay \qquad\qquad \mathbf{x}^\star \text{ 的定义} \\ &\geq \max_{\mathbf{y} \in \Delta_m} \min_{\mathbf{x} \in \Delta_n} \mathbf{x}^\top Ay \\ &= \lambda_C \end{aligned}$$

第二部分也是主要的方向，在 LP 语境中被称为强对偶，它需要已经证明的在线凸优化技术。

方向 2 ($\lambda_R \leq \lambda_C$)：

证明 考虑一个由 $n \times m$ 矩阵 A 定义的重复博弈。对于 $t = 1, 2, ..., T$，行玩家提供混合策略 $\mathbf{x}_t \in \Delta_n$，列玩家用混合策略 $\mathbf{y}_t \in \Delta_m$ 对弈，行玩家的损失等于列玩家的奖励，等于 $\mathbf{x}_t^\top A \mathbf{y}_t$。

行玩家根据 OCO 算法生成混合策略 $\mathbf{x}_t$——特别是使用第 5 章中的指数梯度算法 5.3。将凸决策集取为 n 维单纯形 $\mathcal{K} = \Delta_n = \{\mathbf{x} \in \mathbb{R}^n \mid \mathbf{x}(i) \geq 0, \sum \mathbf{x}(i) = 1\}$ 时，该 t 损失函数为

$$f_t(\mathbf{x}) = \mathbf{x}^\top A \mathbf{y}_t \text{(相对于} \mathbf{x}_t, f_t \text{是线性的)}$$

我们已经详细说明了针对这个特定实例的指数梯度策略，得出

$$\mathbf{x}_{t+1}(i) \leftarrow \frac{\mathbf{x}_t(i) e^{-\eta A_i \mathbf{y}_t}}{\sum_j \mathbf{x}_t(i) e^{-\eta A_j \mathbf{y}_t}}$$

那么，通过合理选定 η 及推论 5.1，得出

$$\sum_t f_t(\mathbf{x}_t) \leq \min_{\mathbf{x}^\star \in \mathcal{K}} \sum_t f_t(\mathbf{x}^\star) + \sqrt{2T \log n} \tag{8.1}$$

列玩家对行玩家的策略做出了最佳响应，即：

$$\mathbf{y}_t = \arg\max_{\mathbf{y} \in \Delta_m} \mathbf{x}_t^\top A \mathbf{y} \tag{8.2}$$

记平均混合策略为：

$$\bar{\mathbf{x}} = \frac{1}{t} \sum_{\tau=1}^t \mathbf{x}_\tau \quad , \quad \bar{\mathbf{y}} = \frac{1}{t} \sum_{\tau=1}^t \mathbf{y}_\tau$$

则有

$$
\begin{aligned}
\lambda_R &= \min_{\mathbf{x}} \max_{\mathbf{y}} \ \mathbf{x}^\top A \mathbf{y} \\
&\leq \max_{\mathbf{y}} \bar{\mathbf{x}}^\top A \mathbf{y} && \text{特殊情形} \\
&= \frac{1}{T} \sum_t \mathbf{x}_t A \mathbf{y}^\star \\
&\leq \frac{1}{T} \sum_t \mathbf{x}_t A \mathbf{y}_t && \text{由式 (8.2) 推出} \\
&\leq \frac{1}{T} \min_{\mathbf{x}} \sum_t \mathbf{x}^\top A \mathbf{y}_t + \sqrt{2 \log n / T} && \text{由式 (8.1) 推出} \\
&= \min_{\mathbf{x}} \mathbf{x}^\top A \bar{\mathbf{y}} + \sqrt{2 \log n / T} \\
&\leq \max_{\mathbf{y}} \min_{\mathbf{x}} \mathbf{x}^\top A \mathbf{y} + \sqrt{2 \log n / T} && \text{特殊情形} \\
&= \lambda_C + \sqrt{2 \log n / T}
\end{aligned}
$$

因此，$\lambda_R \leq \lambda_C + \sqrt{2 \log n / T}$。当 $T \to \infty$，可得定理的第 2 部分。

注意，除了基本定义之外，在证明中使用的唯一工具是在线凸优化的次线性遗憾算法的存在性。OCO 算法的遗憾界是在不限制代价函数的情况下定义的，并且它们可以是对手选择的，这对证明至关重要。函数 f_t 是由 $\mathbf{y}_t$ 定义的，$\mathbf{y}_t$ 是由 $\mathbf{x}_t$ 选择的。因此，在行玩家做出决策 $\mathbf{x}_t$ 之后，构造的代价函数是对手选择的。

8.4　近似线性规划

上一节中的技术不仅证明了极小极大定理，并且证明了线性规划的对偶性，而且给出了一个有效的算法。利用零和博弈与线性规划的等价性，该算法可用于求解线性规划问题。现在，将在零和博弈的背景下详细说明该算法。

考虑算法 8.1。

算法 8.1 简单 LP

1: 输入：使用矩阵 $A \in \mathbb{R}^{n \times m}$，零和博弈形式的线性规划问题

2: 令 $\mathbf{x}_1 = [1/n, 1/n, ..., 1/n]$

3: **for** $t=1$ 至 T **do**

4: 计算 $\mathbf{y}_t = \max_{\mathbf{y} \in \Delta_m} \mathbf{x}_t^\top A \mathbf{y}$

5: 更新 $\forall i \ . \ \mathbf{x}_{t+1}(i) \leftarrow \dfrac{\mathbf{x}_t(i)e^{-\eta A_i \mathbf{y}_t}}{\sum_j \mathbf{x}_t(j)e^{-\eta A_j \mathbf{y}_t}}$

6: **end for**

7: **return** $\bar{\mathbf{x}} = \frac{1}{T}\sum_{t=1}^{T} \mathbf{x}_t$

从前面的推导中，几乎立即得到了引理 8.1。

引理 8.1 算法 8.1 的返回向量 $\bar{\mathbf{x}}$ 是它所描述的零和博弈和线性规划的 $\dfrac{\sqrt{2\log n}}{\sqrt{T}}$ 近似解。

证明 遵循之前推导的完全相同的步骤，得出

$$
\begin{aligned}
\max_{\mathbf{y}} \bar{\mathbf{x}}^\top A \mathbf{y} &= \frac{1}{T}\sum_t \mathbf{x}_t A \mathbf{y}^\star \\
&\le \frac{1}{T}\sum_t \mathbf{x}_t A \mathbf{y}_t && \text{由式 (8.2) 推出} \\
&\le \frac{1}{T}\min_{\mathbf{x}}\sum_t \mathbf{x}^\top A \mathbf{y}_t + \sqrt{2\log n/T} && \text{由式 (8.1) 推出} \\
&= \min_{\mathbf{x}} \mathbf{x}^\top A \bar{\mathbf{y}} + \sqrt{2\log n/T} \\
&\le \max_{\mathbf{y}}\min_{\mathbf{x}} \mathbf{x}^\top A \mathbf{y} + \sqrt{2\log n/T} && \text{特殊情形} \\
&= \lambda^\star + \sqrt{2\log n/T}
\end{aligned}
$$

因些，对每个 $i \in [m]$：

$$
\bar{\mathbf{x}}^\top A e_i \le \lambda^\star + \frac{\sqrt{2\log n}}{\sqrt{T}}
$$

因此，要获得 ε 近似解，需要 $\frac{2\log n}{\varepsilon^2}$ 次迭代，每次迭代都涉及一个简单的更新过程。

8.5   文献评述

博弈论创立于 20 世纪 20 年代末 30 年代初，其奠基性工作是经典书籍《博弈论与经济行为》，由 Neumann 和 Morgenstern 于 1944 年撰著。

线性规划是一种基本的数学优化和建模工具，可以追溯到 20 世纪 40 年代 Kantorovich(1940) 和 Dantzig(1951) 的工作。线性规划的对偶性是冯·诺依曼构想出来的，Dantzig 在一次采访中描述过 Albers et al.(1986)。关于线性规划理论的深入处理，有许多综述性的文章，例如 (Bertsimas and Tsitsiklis, 1997; Matousek and Gärtner, 2007)。

低遗憾算法和解决零和博弈之间的精彩联系是由 Freund and Schapire(1999) 发现的。低遗憾算法的收敛性与博弈均衡的更一般的联系由 Hart and Mas-Colell(2000) 和最近的研究 (Even-Dar et al., 2009; Roughgarden, 2015) 给出。

通过简单的拉格朗日松弛技术产生的近似算法是由 Plotkin et al.(1995) 首创的。另请参阅综述 Arora et al.(2012) 和更近期的发展，给出了次线性时间算法 (Clarkson et al., 2012; Hazan et al., 2011)。

8.6   练习

1. 证明零和博弈中的均衡策略对不是唯一的。也就是说，可以构建一个有多个均衡的零和博弈。

2. 在这个问题中，证明了 Sion 推广到极小极大定理的一个特殊情况。设 $f : X \times Y \mapsto \mathbb{R}$ 是关于 $X \times Y$ 的实值函数，其中 X, Y 在 Euclidean 空间 $\mathbb{R}^d$ 中是有界、闭、凸集。设 f 是凹-凸的，即：

(a) 对于每个 $\mathbf{y} \in Y$，函数 $f(\cdot, \mathbf{y}) : X \mapsto \mathbb{R}$ 是凸的。

(b) 对于每个 $\mathbf{x} \in X$，函数 $f(\mathbf{x}, \cdot) : Y \mapsto \mathbb{R}$ 是凹的。证明

$$\min_{\mathbf{x} \in X} \max_{\mathbf{y} \in Y} f(\mathbf{x}, \mathbf{y}) = \max_{\mathbf{y} \in Y} \min_{\mathbf{x} \in X} f(\mathbf{x}, \mathbf{y})$$

3. 阅读 Adler 关于线性规划和零和博弈等价性的阐述 [Adler, 2013]。解释如何将线性规划转换为零和博弈。

4. 考虑一个基于矩阵 A 的重复零和博弈，在这个博弈中，双方玩家根据博弈的线性代价 / 奖励函数，根据低遗憾算法改变他们的混合策略。证明博弈的平均值接近由 A 给出博弈的均衡。

5. *写一个半定规划问题作为一个零和博弈。给出用 OCO 算法求解半定规划问题的近似算法，并对算法的正确性和性能界进行分析。

第**9**章

学习理论，泛化性与在线凸优化

到目前为止，在处理在线凸优化时，我们只隐式地讨论了学习理论。给出的 OCO 框架被证明可用于在线学习分类器、基于专家建议的预测、在线投资组合选择和矩阵补全等具有学习特性的应用。本书介绍了遗憾的度量标准，并给出了在各种情况下最小化遗憾的有效算法。对许多在线预测问题来说，最小化遗憾是一种有意义的方法已经探讨过了。然而，到目前为止，它与其他学习理论的关系还没有讨论。

本章将在 OCO 和统计学习理论之间建立正式而强大的联系。首先给出统计学习理论的基本定义，然后描述本书研究的应用与该模型的关系。继续证明在线凸优化设置下的遗憾最小化是如何产生计算高效的统计学习算法的。

9.1 统计学习理论

统计学习理论解决了从示例中学习概念的问题。概念是从域 $\mathcal{X}$ 到标签 $\mathcal{Y}$ 的映射，表示为 $C: \mathcal{X} \mapsto \mathcal{Y}$。

以光学字符识别为例。在这种设置中，域 $\mathcal{X}$ 可以是所有 $n \times n$ 位图图像，标签集 $\mathcal{Y}$ 是拉丁字母 (或其他)，概念 C 将位图映射到图像中描述的字符。

统计理论通过允许从目标分布中获取标记样本来对学习概念的问题进行建模。学习算法可以访问来自未知分布的样本对：

$$(\mathbf{x}, y) \sim \mathcal{D} \quad , \quad \mathbf{x} \in \mathcal{X}, y \in \mathcal{Y}$$

这里的目标是能够将 y 预测为 $\mathbf{x}$ 的函数，即**学习**一个假设，或从 $\mathcal{X}$ 到 $\mathcal{Y}$ 的映射，表示为 $h : \mathcal{X} \mapsto \mathcal{Y}$，相对于分布 $\mathcal{D}$ 有小误差。如果标签集是二进制的 $\mathcal{Y} = \{0, 1\}$，或者像光学字符识别中那样是离散的，假设 h 相对于分布 $\mathcal{D}$ 的泛化误差为：

$$\mathrm{error}(h) \stackrel{\mathrm{def}}{=} \mathop{\mathbf{E}}_{(\mathbf{x}, y) \sim \mathcal{D}} [h(\mathbf{x}) \neq y]$$

更一般地说，其目标是根据一个 (通常是凸的) 损失函数 $\ell : \mathcal{Y} \times \mathcal{Y} \mapsto \mathbb{R}$ 来学习一个最小化损失的假设。在这种情况下，假设的泛化误差定义为：

$$\mathrm{error}(h) \stackrel{\mathrm{def}}{=} \mathop{\mathbf{E}}_{(\mathbf{x}, y) \sim \mathcal{D}} [\ell(h(\mathbf{x}), y)]$$

此后考虑学习算法 $\mathcal{A}$，从分布 $\mathcal{D}$ 中观察一个样本，记 $S \sim \mathcal{D}^m$ 为包含 m 个样本集合中的一个，$S = \{(\mathbf{x}_1, y_1), ..., (\mathbf{x}_m, y_m)\}$，并根据该样本得到一个假设 $\mathcal{A}(S) : \mathcal{X} \mapsto \mathcal{Y}$。

因此，统计学习的目标可以总结如下：

对应于某个概念在 $\mathcal{X} \times \mathcal{Y}$ 上的任意分布，获取独立同分布样本，学习一个假设 $h : \mathcal{X} \mapsto \mathcal{Y}$，该假设相对于给定的损失函数具有任意小的泛化误差。

9.1.1　过拟合

在光学字符识别问题中，任务是从给定的位图格式图像中识别出一个字符。为了在统计学习设置中对其建模，域 $\mathcal{X}$ 是某个整数 n 的所有 $n \times n$ 位图图像的集合。标签集合 $\mathcal{Y}$ 是拉丁字母，概念 C 将位图映射到图像中描述的字符。

考虑一下朴素算法，拟合给定样本的完美假设，在本例中是一组位图。也就是说，$\mathcal{A}(S)$是一个假设，它将任何给定的位图输入$\mathbf{x}_i$正确地映射到其正确的标签y_i，并将所有未见过的位图映射到字符1。

显然，这个假设在从经验中归纳方面做得很差——所有尚未观察到的图像都将不考虑其属性进行分类，大多数情况下肯定是一个错误的分类。然而，训练集或观察到的示例可以被这个假设完美分类！

这种令人不安的现象被称为"过拟合"，是机器学习中的一个核心问题。在继续为学习理论添加必要的组件以防止过拟合之前，先来看看何时会出现过拟合的规范声明。

9.1.2 免费午餐

下面的定理表明，如统计学习理论的目标所述，如果不限制所考虑的假设类，学习是不可能的。为简单起见，本节考虑 0-1 损失。

定理 9.1(没有免费午餐定理) 考虑大小为$|\mathcal{X}| = 2m > 4$的任意域$\mathcal{X}$，以及给定大小为m的样本S输出假设$\mathcal{A}(S)$的任何算法$\mathcal{A}$。则存在一个概念$C : \mathcal{X} \to \{0,1\}$和一个分布$\mathcal{D}$满足：

- 概率C的泛化误差是零。
- 以概率至少为$\frac{1}{10}$，由$\mathcal{A}$生成的假设误差满足$\text{error}(\mathcal{A}(S)) \geq \frac{1}{10}$。

该定理的证明基于概率方法。概率方法是一种用来证明组合对象存在的有用技术，通过证明它们在某些分布环境中存在的概率是有界的。在本书的设置中，不是使用所需的属性显式构建概念C，而是通过概率参数表明它存在。

证明 下面证明，对于任何学习算法，都有一些学习任务(即"难"概念)使其无法很好地学习。形式化描述，取$\mathcal{D}$是$\mathcal{X}$上的均匀分布。证明策略是验证下面的不等式，其中取一个所有概念$\mathcal{X} \mapsto \{0,1\}$上的均匀分布：

$$Q \stackrel{def}{=} \mathop{\mathbf{E}}_{C:\mathcal{X}\to\{0,1\}}\left[\mathop{\mathbf{E}}_{S\sim\mathcal{D}^m}[\text{error}(\mathcal{A}(S))]\right] \geq \frac{1}{4}$$

在证明这一步之后，将使用马尔可夫不等式得到定理。

利用期望的线性性质，即交换期望的顺序，然后分情况考虑事件。以事件 $\mathbf{x} \in S$ 为例：

$$Q = \mathop{\mathbf{E}}_{S}[\mathop{\mathbf{E}}_{C}[\mathop{\mathbf{E}}_{\mathbf{x} \in \mathcal{X}}[\mathcal{A}(S)(\mathbf{x}) \neq C(\mathbf{x})]]]$$

$$= \mathop{\mathbf{E}}_{S,\mathbf{x}}[\mathop{\mathbf{E}}_{C}[\mathcal{A}(S)(\mathbf{x}) \neq C(\mathbf{x})|\mathbf{x} \in S]\Pr[\mathbf{x} \in S]]$$

$$+ \mathop{\mathbf{E}}_{S,\mathbf{x}}[\mathop{\mathbf{E}}_{C}[\mathcal{A}(S)(\mathbf{x}) \neq C(\mathbf{x})|\mathbf{x} \notin S]\Pr[\mathbf{x} \notin S]]$$

上述表达式中的所有项，特别是第一项，都是非负的，且至少为 0。还要注意，因为域大小是 $2m$，样本大小是 $|S| \leq m$，所以有 $\Pr(\mathbf{x} \notin S) \geq \frac{1}{2}$。最后，对所有 $\mathbf{x} \notin S$ 观察 $\Pr[\mathcal{A}(S)(\mathbf{x}) \neq C(\mathbf{x})] = \frac{1}{2}$，因为被赋予"真"概念 C 是在所有可能的概念中均匀随机选择的。因此，可得：

$$Q \geq 0 + \frac{1}{2} \cdot \frac{1}{2} = \frac{1}{4}$$

这就是想要展示的中间步骤。随机变量 $\mathbf{E}_{S \sim \mathcal{D}^m}[\text{error}(\mathcal{A}(S))]$ 的取值范围为 $[0,1]$。因为它的期望至少是 $\frac{1}{4}$，所以取值至少为 $\frac{1}{4}$ 的事件是非空的。因此，存在这样一个概念满足

$$\mathop{\mathbf{E}}_{S \sim \mathcal{D}^m}[\text{error}(\mathcal{A}(S))] \geq \frac{1}{4}$$

其中，如前面假设，$\mathcal{D}$ 为 $\mathcal{X}$ 上的均匀分布。

现在用马尔可夫不等式得出结论：由于误差上的期望至少为 1/4，因此随机样本上 $\mathcal{A}$ 的误差不小于 1/10 的概率至少为

$$\mathop{\Pr}_{S \sim \mathcal{D}^m}\left(\text{error}(\mathcal{A}(S)) \geq \frac{1}{10}\right) \geq \frac{\frac{1}{4} - \frac{1}{10}}{1 - \frac{1}{10}} > \frac{1}{10}$$

9.1.3　学习问题示例

前一个定理的结论是，对于任何有意义的保证，学习问题中考虑的可能概念的空间都需要加以限制。因此，学习理论关注的是概念类，也称为假设类，它是一个人想从中学习的可能假设的集合。用 $\mathcal{H} = \{h : \mathcal{X} \mapsto \mathcal{Y}\}$ 表示概念 (假设) 类。

可以用该模型形式化定义的常见学习问题包括以下问题。

- 最优字符识别：在光学字符识别问题中，域 $\mathcal{X}$ 由某个整数 n 的所有 $n \times n$ 位图图像组成，标签集 $\mathcal{Y}$ 是一个特定的字母表，概念 C 将位图图像映射为其中所描述的字符。该问题的一个常见（有限）假设类是所有深度有界的决策树的集合。

- 文本分类：在文本分类问题中，定义域是 Euclidean 空间的子集，即 $\mathcal{X} \subseteq \mathbb{R}^d$。每个文档用它的词袋表示，$d$ 是字典的大小。标签集 $\mathcal{Y}$ 是二进制的，其中一个表示某个分类或主题，例如"经济学"，零表示其他类。

  这个问题的一个常用的假设类是 Euclidean 空间中所有有界范数向量的集合 $\mathcal{H} = \{h_{\mathbf{w}}, \ \mathbf{w} \in \mathbb{R}^d, \ \|\mathbf{w}\|_2^2 \leq \omega\}$ 满足 $h_{\mathbf{w}}(\mathbf{x}) = \mathbf{w}^\top \mathbf{x}$。选择损失函数为 Hinge 损失，即 $\ell(\hat{y}, y) = \max\{0, 1 - \hat{y}y\}$。

- 推荐系统：回想一下在 7.2 节中该问题的在线凸优化表述。这个问题的统计学习表述非常类似。定义域是两个集合的直和 $\mathcal{X} = \mathcal{X}_1 \oplus \mathcal{X}_2$。在这里，$\mathbf{x}_1 \in \mathcal{X}_1$ 是一个特定的媒体项，每个人对应一项 $\mathbf{x}_2 \in \mathcal{X}_2$。标签集 $\mathcal{Y}$ 是二进制的，其中 1 表示人对特定媒体项的积极情绪，0 表示消极情绪。

对于这个问题，一个通常被考虑的假设类是所有映射 $\mathcal{X}_1 \times \mathcal{X}_2 \mapsto \mathcal{Y}$ 的集合，当它被看作 $\mathbb{R}^{|\mathcal{X}_1| \times |\mathcal{X}_2|}$ 矩阵时，假设类有有界代数秩。

9.1.4　定义泛化性与可学习性

现在准备给出统计学习理论的基本定义，称为概率近似正确学习 (Probably Approximately Correct，PAC)。

定义 9.1 (PAC 可学习性)　假设类 $\mathcal{H}$ 对于损失函数 $\ell : \mathcal{Y} \times \mathcal{Y} \mapsto \mathbb{R}$ 是 PAC 可学习的条件是，存在一个算法 $\mathcal{A}$，它接受 $S_T = \{(\mathbf{x}_t, y_t), \ t \in [T]\}$ 输入，并返回满足以下条件的假设 $\mathcal{A}(S_T) \in \mathcal{H}$：对于任何 $\varepsilon, \delta > 0$，存在一个足够大的自然数 $T = T(\varepsilon, \delta)$，使得对 $(\mathbf{x}, y)$ 上任何分布 $\mathcal{D}$ 及服务这一分布的 T 个样本，至少以 $1 - \delta$ 概率成立，

$$\mathrm{error}(\mathcal{A}(S_T)) \leq \varepsilon$$

关于该定义的几点说明。

- 来自底层分布的样本集合 S_T 称为训练集。上面定义中的误差称为**泛化误差**，因为它描述了从观察到的训练集得到泛化概念的总体误差。将样本数目 T 作为参数 ε, δ 和概念类的函数，称为 $\mathcal{H}$ 的**样本复杂度**。

- PAC 学习的定义并没有提到计算效率。除了上面的定义之外，计算学习理论通常要求算法 $\mathcal{A}$ 是有效的，即相对于 $\varepsilon, \log \frac{1}{\delta}$ 和假设类表示的多项式运行时间。离散概念集的表示大小是 $\mathcal{H}$ 中假设数量的对数，记作 $\log|\mathcal{H}|$。

- 如果学习算法返回的假设 $\mathcal{A}(S_T)$ 属于假设类 $\mathcal{H}$，如上面的定义，则称 $\mathcal{H}$ 是**适于学习的** (properly learnable)。更一般地说，$\mathcal{A}$ 可能从不同的假设类返回假设，在这种情况下，则称 $\mathcal{H}$ 是**不适于学习的** (non-properly learnable)。

该学习算法能够学习到满足任意要求精度 $\varepsilon > 0$ 的性质称为**可实现性假设** (realizability assumption)，大大降低了定义的泛化性。这相当于要求误差接近于零的假设属于假设类别。在许多情况下，概念只能通过给定的假设类近似地学习，或者问题中的固有噪声阻碍了可实现性 (见练习)。

这个问题在一个更一般的学习概念的定义中得到了解决，称为**不可知学习** (agnostic learning)。

定义 9.2(不可知 PAC 可学习性) 假设类 $\mathcal{H}$ 对于损失函数 $\ell : \mathcal{Y} \times \mathcal{Y} \mapsto \mathbb{R}$ 是不可知 PAC 可学习的条件是，存在一个算法 $\mathcal{A}$，它接受 $S_T = \{(\mathbf{x}_t, y_t), \ t \in [T]\}$ 输入，并返回满足以下条件的假设 $\mathcal{A}(S_T)$: 对于任何 $\varepsilon, \delta > 0$ 存在一个足够大的自然数 $T = T(\varepsilon, \delta)$，使得对 $(\mathbf{x}, y)$ 上任何分布 $\mathcal{D}$ 及这一分布的 T 个样本，至少以 $1 - \delta$ 概率成立。

$$\text{error}(\mathcal{A}(S_T)) \leq \min_{h \in \mathcal{H}} \{\text{error}(h)\} + \varepsilon$$

通过这些定义，可以描述有限假设类统计学习理论的基本定理。

定理 9.2(有限假设类的 PAC 可学习性) *每个有限概率类 $\mathcal{H}$ 是不可知 PAC 可学习时，其样本复杂度为 $\mathrm{poly}(\varepsilon, \delta, \log|\mathcal{H}|)$。*

在接下来的几节中将证明这个定理，以及一个更一般的陈述。它也适用于某些无限假设类。哪些无限的假设类是可学习的，这是一个深刻而基本的问题，Vapnik 和 Chervonenkis 给出了完整的答案 (见 9.4 节)。哪些 (有限或无限) 假设类是**有效** PAC 可学习的，特别是不适于学习的情形，这个问题仍然是学习理论的前沿。

9.2 使用在线凸优化的不可知学习

本节将展示如何将在线凸优化用于不可知 PAC 学习。遵循本书的范式，描述和分析从不可知学习到在线凸优化的归约。该归约在算法 9.1 中进行了形式化描述。

算法 9.1 归约：学习 $\Rightarrow$ 0CO

1: 输入：OCO 算法 $\mathcal{A}$，凸假设类 $\mathcal{H} \subseteq \mathbb{R}^d$，凸损失函数 ℓ
2: 令 $h_1 \leftarrow \mathcal{A}(\emptyset)$
3: **for** $t=1$ 至 T **do**
4:     取带标签样本 $(\mathbf{x}_t, y_t) \sim \mathcal{D}$
5:     令 $f_t(h) = \ell(h(\mathbf{x}_t), y_t)$
6:     更新

$$h_{t+1} = \mathcal{A}(f_1, ..., f_t)$$

7: **end for**
8: 返回 $\bar{h} = \frac{1}{T}\sum_{t=1}^{T} h_t$

为了此归约，假设概念 (假设) 类是 Euclidean 空间的一个凸子集。对于离散的假设类，也可以进行类似的归约 (见练习)。事实上，下面探索的技术将适用于任何允许低遗憾算法的假设集 $\mathcal{H}$，并可以推广到已知可学习的无限个假设类。

令 $h^\star = \arg\min_{h \in \mathcal{H}}\{\text{error}(h)\}$ 为类 $\mathcal{H}$ 中最小化泛化误差的假设。使用 $\mathcal{A}$ 保证次线性遗憾的假设，简单归约蕴含着定理 9.3 给出的 PAC 可学习。

定理 9.3　令 $\mathcal{A}$ 是一个 OCO 算法，其 T 次迭代后的遗憾界为 $\text{Regret}_T(\mathcal{A})$。则对任意 $\delta > 0$，至少以概率 $1 - \delta$ 成立

$$\text{error}(\bar{h}) \leq \text{error}(h^\star) + \frac{\text{Regret}_T(\mathcal{A})}{T} + \sqrt{\frac{8 \log(\frac{2}{\delta})}{T}}$$

特别是，对于 $T = O(\frac{1}{\varepsilon^2} \log \frac{1}{\delta} + T_\varepsilon(\mathcal{A}))$，其中 $T_\varepsilon(\mathcal{A})$ 为满足 $\frac{\text{Regret}_T(\mathcal{A})}{T} \leq \varepsilon$ 的整数 T，有

$$\text{error}(\bar{h}) \leq \text{error}(h^*) + \varepsilon$$

上面定理的泛化性如何？前面的章节描述并分析了具有遗憾保证的 OCO 算法，其渐近性能为 $O(\sqrt{T})$ 或更好。这可转换样本复杂度为 $O(\frac{1}{\varepsilon^2} \log \frac{1}{\delta})$（见练习），这在某些场景下是紧的。

为了证明这个定理，需要一些概率论中的工具，例如接下来要研究的集中不等式。

9.2.1　余项：度量集中和鞅

下面简要讨论概率论中鞅的概念。为了直观起见，回想简单随机游走是很有意义的。设 X_i 是一个 Rademacher 随机变量，取值为

$$X_i = \begin{cases} 1, & \text{概率为} \quad \frac{1}{2} \\ \\ -1, & \text{概率为} \quad \frac{1}{2} \end{cases}$$

一个简单的对称随机游走可以用这些随机变量的和来描述，如图 9.1 所示。设 $X = \sum_{i=1}^{T} X_i$ 为本次随机游走 T 步后的位置。这个随机变量的期望和方差为 $\mathbf{E}[X] = 0$，$\text{Var}(X) = T$。

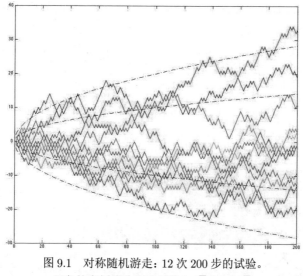

图 9.1　对称随机游走：12 次 200 步的试验。
黑色的点划线分别为函数 $\pm\sqrt{x}$ 和 $\pm 2\sqrt{x}$

度量集中现象给出了随机变量在其标准偏差范围内获得值的概率。对于随机变量 X，这个概率远远高于仅使用第一和第二阶矩时的期望值。仅使用方差，由 Chebychev 不等式可得

$$\Pr\left[|X| \geq c\sqrt{T}\right] \leq \frac{1}{c^2}$$

然而，$|X|$ 以 $c(\sqrt{T})$ 为中心的事件概率事实上更紧，可由下面的 Hoeffding-Chernoff 引理界定。

$$\Pr[|X| \geq c\sqrt{T}] \leq 2e^{\frac{-c^2}{2}} \quad \text{Hoeffding-Chernoff 引理} \quad (9.1)$$

因此，偏离标准偏差一个常数会使概率以指数方式而不是多项式方式降低。这种被广泛研究的现象推广到弱依赖随机变量和鞅的和上，这对应用很重要。

定义 9.3　一系列随机变量 $X_1, X_2, \ldots$ 被称作鞅，如果满足：

$$\mathbf{E}[X_{t+1}|X_t, X_{t-1}\ldots X_1] = X_t \quad \forall\, t > 0$$

鞅中也出现了类似于随机游走序列的集中现象。这可以用下面 Azuma 的定理来描述。

定理 9.4(Azuma 不等式)　　令 $\{X_i\}_{i=1}^T$ 为 T 个随机变量的鞅，满足 $|X_i - X_{i+1}| \leq 1$。则：

$$\Pr[|X_T - X_0| > c] \leq 2e^{\frac{-c^2}{2T}}$$

由对称性，Azuma 不等式蕴含着，

$$\Pr[X_T - X_0 > c] = \Pr[X_0 - X_T > c] \leq e^{\frac{-c^2}{2T}} \tag{9.2}$$

9.2.2　归约的分析

准备证明算法 9.1 中归约的性能保证。为简单起见，假设损失函数 ℓ 在 $[0,1]$ 区间内有界，即，

$$\forall \hat{y}, y \in \mathcal{Y} \ , \ \ell(\hat{y}, y) \in [0, 1]$$

定理 9.3 的证明　　首先定义一个随机变量序列，这些随机变量组成一个鞅。令

$$Z_t \stackrel{\text{def}}{=} \text{error}(h_t) - \ell(h_t(\mathbf{x}_t), y_t), \quad X_t \stackrel{\text{def}}{=} \sum_{i=1}^t Z_i$$

下面验证 $\{X_t\}$ 确实是一个有界鞅。注意，根据 $\text{error}(h)$ 的定义，有

$$\mathop{\mathbf{E}}_{(\mathbf{x},y)\sim\mathcal{D}}[Z_t|X_{t-1}] = \text{error}(h_t) - \mathop{\mathbf{E}}_{(\mathbf{x},y)\sim\mathcal{D}}[\ell(h_t(\mathbf{x}), y)] = 0$$

故，根据 Z_t 的定义，

$$\mathbf{E}[X_{t+1}|X_t, ... X_1] \quad = \mathbf{E}[Z_{t+1}|X_t] + X_t = X_t$$

此外，根据代价函数有界假设，有 (见练习)

$$|X_t - X_{t-1}| = |Z_t| \leq 1 \tag{9.3}$$

因此，可以将 Azuma 定理应用于鞅 $\{X_t\}$，或是式 (9.2) 的结论，可得

$$\Pr[X_T > c] \leq e^{\frac{-c^2}{2T}}$$

插入 X_T 的定义，除以 T 并使用 $c = \sqrt{2T\log(\frac{2}{\delta})}$：

$$\Pr\left[\frac{1}{T}\sum_{t=1}^T \text{error}(h_t) - \frac{1}{T}\sum_{t=1}^T \ell(h_t(\mathbf{x}_t), y_t) > \sqrt{\frac{2\log(\frac{2}{\delta})}{T}}\right] \leq \frac{\delta}{2} \tag{9.4}$$

对于 $h^\star$ 而不是 h_t，可以定义一个类似的鞅，重复类似的定义并应用 Azuma 不等式，可得：

$$\Pr\left[\frac{1}{T}\sum_{t=1}^{T}\mathrm{error}(h^\star) - \frac{1}{T}\sum_{t=1}^{T}l(h^\star(\mathbf{x}_t), y_t) < -\sqrt{\frac{2\log(\frac{2}{\delta})}{T}}\right] \leq \frac{\delta}{2} \quad (9.5)$$

为了符号上的方便，使用下面的记号：

$$\Gamma_1 = \frac{1}{T}\sum_{t=1}^{T}\mathrm{error}(h_t) - \frac{1}{T}\sum_{t=1}^{T}\ell(h_t(\mathbf{x}_t), y_t),$$

$$\Gamma_2 = \frac{1}{T}\sum_{t=1}^{T}\mathrm{error}(h^\star) - \frac{1}{T}\sum_{t=1}^{T}l(h^\star(\mathbf{x}_t), y_t)$$

接下来，观测到

$$\frac{1}{T}\sum_{t=1}^{T}\mathrm{error}(h_t) - \mathrm{error}(h^\star)$$

$$= \Gamma_1 - \Gamma_2 + \frac{1}{T}\sum_{t=1}^{T}\ell(h_t(\mathbf{x}_t), y_t) - \frac{1}{T}\sum_{t=1}^{T}\ell(h^\star(\mathbf{x}_t), y_t)$$

$$\leq \frac{\mathrm{Regret}_T(\mathcal{A})}{T} + \Gamma_1 - \Gamma_2,$$

其中最后一个不等式使用了定义 $f_t(h) = \ell(h(\mathbf{x}_t), y_t)$。由上式和不等式 (9.4)，(9.5) 可得

$$\Pr\left[\frac{1}{T}\sum_{t=1}^{T}\mathrm{error}(h_t) - \mathrm{error}(h^\star) > \frac{\mathrm{Regret}_T(\mathcal{A})}{T} + 2\sqrt{\frac{2\log(\frac{2}{\delta})}{T}}\right]$$

$$\leq \Pr\left[\Gamma_1 - \Gamma_2 > 2\sqrt{\frac{2\log(\frac{1}{\delta})}{T}}\right]$$

$$\leq \Pr\left[\Gamma_1 > \sqrt{\frac{2\log(\frac{1}{\delta})}{T}}\right] + \Pr\left[\Gamma_2 \leq -\sqrt{\frac{2\log(\frac{1}{\delta})}{T}}\right]$$

$$\leq \delta \qquad \text{不等式 (9.4)，(9.5)}$$

利用凸性，有 $\mathrm{error}(\bar{h}) \leq \dfrac{1}{T} \sum\limits_{t=1}^{T} \mathrm{error}(h_t)$。故，至少以概率 $1 - \delta$，

$$\mathrm{error}(\bar{h}) \leq \frac{1}{T} \sum_{t=1}^{T} \mathrm{error}(h_t) \leq \mathrm{error}(h^\star) + \frac{\mathrm{Regret}_T(\mathcal{A})}{T} + \sqrt{\frac{8 \log(\frac{2}{\delta})}{T}}$$

9.3　学习与压缩

到目前为止考虑了有限和某些无限的假设类，并证明如果存在一个有效的 OCO 设置的遗憾最小化算法，它们是有效的、可学习的。

本节描述另一个足以满足 PAC 可学习性的属性：压缩训练集的能力。这个属性容易陈述和使用，特别是对于无限个假设类。然而，它并不蕴含高效的算法。

直观地说，如果一个学习算法能够使用训练集的一小部分来表达假设，将表明它很好地泛化到未见过的数据。为简单起见，只考虑满足可实现性假设变体的学习问题，即压缩方案生成一个达到零误差的假设。

更正式地说，将给定学习问题的压缩方案的概念定义如下。因此，定义和定理可以推广到损失函数，但为简单起见，本节只考虑 0-1 损失函数。

定义 9.4（压缩方案） $\mathcal{X} \times \mathcal{Y}$ 上的一个分布 $\mathcal{D}$，允许大小为 k 的压缩方案，由算法 $\mathcal{A}$ 实现，前提是下列条件成立。对于任何 $T > k$，令 $S_T = \{(\mathbf{x}_t, y_t), \ t \in [T]\}$ 为 $\mathcal{D}$ 中的一个样本。存在一个 $S' \subseteq S_T$，$|S'| = k$，使得算法 $\mathcal{A}$ 接收 k 个样本集 S' 的输入，并返回一个假设 $\mathcal{A}(S') \in \{\mathcal{X} \mapsto \mathcal{Y}\}$，满足：

$$\operatorname*{error}_{S_T}(\mathcal{A}(S')) = 0$$

本节的主要结论是，允许大小为 k 的压缩方案的学习问题是 PAC 可学习的，样本复杂度与 k 成比例。这在形式上由定理 9.5 给出。

定理 9.5 令 $\mathcal{D}$ 是一个允许大小为 k 由算法 $\mathcal{A}$ 实现压缩方案的数据分布，则以概率不小于 $1-\delta$ 选定训练集 $|S_T|=T$，下式成立

$$\text{error}(\mathcal{A}(S_T)) \le \frac{8k\log\frac{T}{\delta}}{T}$$

证明 用 $\text{error}_S(h)$ 表示独立同分布示例样本 S 上假设 h 的误差，其中样本独立于 h。由于样本是独立选取的，$\text{error}(h) > \varepsilon$ 具有 $\text{error}_S(h)=0$ 的假设的概率不超过 $(1-\varepsilon)^{|S|}$。用 $h\in\text{bad}$ 表示 h 中满足这两个条件的事件。

考虑大小为 k 分布 $\mathcal{D}$ 的压缩方案，用 $\mathcal{A}$ 实现，样本大小为 $|S_T|=T\gg k$。根据压缩方案的定义，$\mathcal{A}$ 返回的假设是基于从集合 $S'\subseteq S_T$ 中选择的 k 个示例。可以界定事件 $\text{error}_{S_T}(\mathcal{A}(S'))=0$ 和 $\text{error}(\mathcal{A}(S'))>\varepsilon$ 的概率，记为 $\mathcal{A}(S')\in\text{bad}$，如下所示：

$$\Pr[\mathcal{A}(S')\in\text{bad}] = \sum_{S'\subseteq S_T,|S'|=k}\Pr[\mathcal{A}(S')\in\text{bad}]\cdot\Pr[S']\quad\text{全概率定理}$$

$$\le \binom{T}{k}(1-\varepsilon)^T$$

对于 $\varepsilon=\frac{8k\log\frac{T}{\delta}}{T}$，有

$$\binom{T}{k}(1-\varepsilon)^T \le T^k e^{-\varepsilon T} \le \delta$$

由于压缩方案保证返回的假设满足 $\text{error}_{S_T}(\mathcal{A}(S'))=0$，这蕴含着假设 $\mathcal{A}(S')$ 至少以概率 $1-\delta$ 满足 $\text{error}_{S_T}(\mathcal{A}(S'))\le\varepsilon$。

使用压缩方案约束泛化误差的一个重要例子是对 $\mathbb{R}^d$ 中超平面的假设类。证明这个假设类允许大小为 d 的压缩方案。留作练习。

9.4 文献评述

统计学习和计算学习的理论基础分别在 Vapnik(1998) 和 Valiant(1984) 的开创性工作中提出。有许多关于统计和计算学习理

论的综述，例如，参阅 Kearns and Vazirani(1994)，以及最近的文本 Shalev-Shwartz and Ben-David(2014)。

从在线问题归约到统计问题 (又名"批") 的设置是由 Littlestone (Littlestone, 1989) 发起的。更严格和更一般的界在 (Cesa-Bianchi et al., 2006; Cesa-Bianchi and Gentile, 2008; Zhang, 2005) 中进行了探索。概率方法归功于 Paul Erdos，参阅 Alon 和 Spencer 的启发性文本 Alon and Spencer(1992)。

Littlestone and Warmuth(1986) 的开创性工作研究了压缩和 PAC 学习之间的关系。有关统计学习和压缩之间的关系和历史联系的更多信息，请参阅 Wigderson(2019) 中鼓舞人心的一章。最近，Moran and Yehudayoff(2016), David et al.(2016) 证明压缩等同于一般监督学习任务中的可学习性，并给出了这种关系的定量界。

使用压缩来证明泛化误差界限已应用于 Hanneke et al.(2019) 的回归和 (Gottlieb et al., 2018; Kontorovich et al., 2017) 的最近邻分类。另一个应用是 Bousquet et al.(2020) 最近的工作，它使用压缩给出了支持向量机的最佳泛化误差界。

9.5 练习

1. 加强没有免费午餐定理 9.1 以证明以下结论：对于任何 $\varepsilon > 0$，存在一个有限域 $\mathcal{X}$，这样对于任何学习算法 $\mathcal{A}$，给定一个样本 S 输出假设 $\mathcal{A}(S)$，存在一个分布 D 和一个概念 $C : X \mapsto \{0, 1\}$，满足

(a) $\text{error}(C) = 0$

(b) $\mathbf{E}_{S \sim \mathcal{D}^m}[\text{error}(\mathcal{A}(S))] \geq \frac{1}{2} - \varepsilon$

2. 假设 $\mathcal{A}$ 是有限假设类 $\mathcal{H} : \mathcal{X} \mapsto \mathcal{Y}$ 的不可知学习算法，损失函数为 0-1 损失。假设任意概念 $C : X \mapsto Y$ 是通过 $\mathcal{H}$ 实现的，概念 $\hat{C}$ 是在每次 x 独立采样时，以概率 $\varepsilon_0 > 0$ 随机替换域中每个元素 $x \in X$ 相关联的标签而得到的。

即：

$$\hat{C}(x) = \begin{cases} 1, & \text{概率为} \frac{\varepsilon_0}{2} \\ 0, & \text{概率为} \frac{\varepsilon_0}{2} \\ C(x), & \text{其他} \end{cases}$$

证明 $\mathcal{A}$ 为概念 $\hat{C}$ 的 ε 近似：即，表明 $\mathcal{A}$ 可以用来得到一个假设 $h_{\mathcal{A}}$，该假设对每个 ε, δ 具有至少 $1 - \delta$ 的概率误差

$$\operatorname*{error}_{D}(h_{\mathcal{A}}) \leq \frac{1}{2}\varepsilon_0 + \varepsilon$$

且样本复杂性为 $\frac{1}{\varepsilon}, \log\frac{1}{\delta}, \log|H|$ 的多项式。

3. 证明等式 9.3。

4. (SVM 的样本复杂性)

考虑 Euclidean 空间中由有界范数给出的超平面得到的假设类

$$\mathcal{H} = \{\mathbf{x} \in \mathbb{R}^d, \ \|\mathbf{x}\|_2 \leq \lambda\}$$

给出一个使用归约算法 9.1 得到的，相对于 Hinge 损失函数的 PAC-可学习算法。分析结果的计算和样本复杂度。

5. 说明如何使用归约算法 9.1 的修改版来有效地学习有限 (非凸) 假设类，即，不枚举所有假设。对于这个问题，$\frac{1}{2}$ 的成功概率就足够了。

提示：考虑随机返回一个假设，而不是返回 $\bar{h}$。

6. 考虑平面中所有轴对齐矩形的假设类。也就是说，考虑所有的假设都由四个实数参数化，a_x, b_x, a_y, b_y，满足

$$h_{a_x, b_x, a_y, b_y}(\mathbf{x}) = \begin{cases} 1, & \mathbf{x}_1 \in [a_x, b_x], \mathbf{x}_2 \in [a_y, b_y] \\ 0, & o/w \end{cases}$$

证明这个假设类允许大小为 4 的压缩方案。

7. *考虑 $\mathbb{R}^d$ 中所有超平面的假设类。这个类由单位球面上的所有向量参数化，满足

$$\forall \mathbf{y} \in \mathbb{S}_d , \ h_{\mathbf{y}}(\mathbf{x}) = \text{sign}(\mathbf{x}^\top \mathbf{y})$$

证明该类具有大小为 d 的压缩方案。

第**10**章

在变化的环境中学习

在在线凸优化中，决策者在不知道未来的情况下迭代地做出决策，并根据其决策和观察到的结果支付成本。到目前为止，所研究的算法的设计几乎与事后最好的单一决策一样好。本书所提倡的性能指标，即在线玩家的平均遗憾，随着游戏迭代次数的增加而趋于零。

在结果从某些（未知）分布中采样的场景中，遗憾最小化算法有效地"学习"环境并接近最优策略。这在第9章中给出了形式化定义。但是，如果底层分布发生了变化，就不能提出这样的要求。

例如，考虑在第1章中研究过的在线最短路径问题。众所周知，网络中的流量呈现出不断变化的循环模式。在工作日，通勤者可能会选择一条路从家到公司，但在周末，由于交通模式的不同，他们可能会选择完全不同的路。另一个例子是股票市场：在牛市中，投资者可能想购买科技股；但在熊市中，他们可能会将投资转向黄金或政府债券。

当环境发生许多变化时，标准的遗憾可能不是衡量性能的最佳标准。在不断变化的环境中，迄今为止研究的在线凸优化算法对于强凸或指数-凹损失函数表现出不期望的"静态"行为，并收敛到固定解。

本章将介绍和研究遗憾概念的泛化，称为自适应的遗憾，以允许变化的预测策略。从专家建议的预测问题中研究适应的概念开始。然后，继续进行更具挑战性的在线凸优化设置，并推导出最小化这个更精细的遗憾度量的有效算法。

10.1　一个简单的开始：动态遗憾

在给出本章研究的主要性能指标之前，先考虑第一种自然的方法：在任意决策序列中测量遗憾。显然，在一般情况下，与任意变化的基准竞争是不可能的。然而，有可能给出一个细化的分析，显示在线凸优化算法与改变决策的遗憾会发生什么。

更精确地说，定义一个 OCO 算法相对于一个序列 $\mathbf{u}_1,...,\mathbf{u}_T$ 的动态遗憾为：

$$\mathrm{DynamicRegret}_T(\mathcal{A},\mathbf{u}_1,\ldots,\mathbf{u}_T) \stackrel{\mathrm{def}}{=} \sum_{t=1}^{T} f_t(\mathbf{x}_t) - \sum_{t=1}^{T} f_t(\mathbf{u}_t)$$

为了分析动态遗憾，序列 $\mathbf{u}_1,...,\mathbf{u}_T$ 的一些复杂性度量是必要的。记 $\mathcal{P}(\mathbf{u}_1,\ldots,\mathbf{u}_T)$ 为比较序列的路径长度，定义为

$$\mathcal{P}(\mathbf{u}_1,\ldots,\mathbf{u}_T) = \sum_{t=1}^{T-1} \|\mathbf{u}_t - \mathbf{u}_{t+1}\| + 1$$

期望遗憾与路径长度成正比例是很自然的，如定理 10.1 所示。对于一个固定的比较器 $\mathbf{u}_t=\mathbf{x}^*$，路径长度是 1，定理 10.1 恢复了 $O(\sqrt{T})$ 标准遗憾界。为了简单起见，假设时间范围 T 提前已知，比较器序列的路径长度也提前已知，尽管这些限制是可以消除的（见 10.6 节）。

定理 10.1　在线梯度下降（算法 3.1），其步长为 $\eta \approx \sqrt{\frac{\mathcal{P}(\mathbf{u}_1,\ldots,\mathbf{u}_T)}{T}}$，保证了下述动态遗憾界：

$$\mathrm{DynamicRegret}_T(\mathcal{A},\mathbf{u}_1,\ldots,\mathbf{u}_T) = O(\sqrt{T\mathcal{P}(\mathbf{u}_1,\ldots,\mathbf{u}_T)})$$

证明　使用本书的符号，按照定理 3.1 的证明步骤，

$$\|\mathbf{x}_{t+1} - \mathbf{u}_t\|^2 \leq \|\mathbf{y}_{t+1} - \mathbf{u}_t\|^2 = \|\mathbf{x}_t - \mathbf{u}_t\|^2 + \eta^2\|\nabla_t\|^2 - 2\eta\nabla_t^\top(\mathbf{x}_t - \mathbf{u}_t)$$

因此，

$$2\nabla_t^\top(\mathbf{x}_t - \mathbf{u}_t) \leq \frac{\|\mathbf{x}_t-\mathbf{u}_t\|^2-\|\mathbf{x}_{t+1}-\mathbf{u}_t\|^2}{\eta} + \eta G^2$$

利用凸性和这个不等式随时间的总和，可得

$$2\left(\sum_{t=1}^{T} f_t(\mathbf{x}_t) - f_t(\mathbf{u}_t)\right) \leq 2\sum_{t=1}^{T} \nabla_t^{\top}(\mathbf{x}_t - \mathbf{x}^{\star})$$

$$\leq \sum_{t=1}^{T} \frac{\|\mathbf{x}_t - \mathbf{u}_t\|^2 - \|\mathbf{x}_{t+1} - \mathbf{u}_t\|^2}{\eta} + \eta G^2 T$$

$$= \frac{1}{\eta}\sum_{t=1}^{T}\left(\|\mathbf{x}_t\|^2 - \|\mathbf{x}_{t+1}\|^2 + 2\mathbf{u}_t^{\top}(\mathbf{x}_{t+1} - \mathbf{x}_t)\right) + \eta G^2 T$$

$$\leq \frac{2}{\eta}\left(D^2 + \sum_{t=2}^{T}\mathbf{x}_t^{\top}(\mathbf{u}_{t-1} - \mathbf{u}_t) + \mathbf{u}_T^{\top}\mathbf{x}_{T+1} - \mathbf{u}_1^{\top}\mathbf{x}_1\right) + \eta G^2 T$$

$$\leq \frac{3}{\eta}\left(D^2 + D\sum_{t=2}^{T}\|\mathbf{u}_{t-1} - \mathbf{u}_t\|\right) + \eta G^2 T \qquad\qquad \mathbf{u}_t \in \mathcal{K}$$

$$\leq \frac{3D^2}{\eta}\mathcal{P}(\mathbf{u}_1,...,\mathbf{u}_T) + \eta G^2 T$$

该定理现在遵循 η 的选择。

这种对 OGD 分析的简单改进自然可扩展到在线镜像下降算法，以及其他关于比较序列路径距离的概念。

现在转向另一个性能指标，它需要比迄今为止看到的更先进的方法。这个指标可以被证明比动态遗憾更普遍，因为证明的边界也意味着低动态遗憾。

10.2　自适应遗憾的概念

在本章中考虑的主要性能指标旨在衡量决策者在不断变化的环境中的表现。它在下面的定义中正式给出。

定义 10.1 在线凸优化算法 $\mathcal{A}$ 的自适应遗憾定义为该算法在任意连续时间间隔内获得的最大遗憾。正式地说，

$$\text{AdaptiveRegret}_T(\mathcal{A}) \stackrel{def}{=} \sup_{I=[r,s]\subseteq[T]} \left\{ \sum_{t=r}^{s} f_t(\mathbf{x}_t) - \min_{x_I^*\in\mathcal{K}} \sum_{t=r}^{s} f_t(\mathbf{x}_I^*) \right\}$$

$$= \sup_{I=[r,s]\subseteq[T]} \left\{ \text{Regret}_{[r,s]}(\mathcal{A}) \right\}$$

与标准遗憾不同的是，这个定义的强大之处在于比较器是可以改变的。事实上，它可以随时间间隔无限地变化。

对于一个低自适应遗憾的算法，相对于标准遗憾，它的性能保证在不断变化的环境中有什么不同？考虑投资组合选择的问题，时间可以被划分为具有不同特征的互不关联的部分：第一个 $T/2$ 迭代中的熊市和最后一个 $T/2$ 迭代中的牛市。一个（标准的）次线性遗憾算法只需要收敛到两个最优投资组合的平均值，这显然是一个不受欢迎的结果。然而，具有次线性自适应遗憾边界的算法必然会在两个区间内收敛到最优投资组合。

这个定义不仅有直观的意义，而且可以推广其他自然概念。例如，考虑一个 OCO 设置，它可以分为 k 个区间，这样在每个区间中，不同的比较器是最优的。那么，$\text{AdaptiveRegret}_T = o(T)$ 的自适应遗憾保证将转化为 $k \times \text{AdaptiveRegret}_{T/k}$ 与最佳 k 移比较器相比的总遗憾[1]。

弱自适应算法和强自适应算法

在线梯度下降算法对一般凸损失，步长 $O(\frac{1}{\sqrt{t}})$，获得自适应遗憾保证：

$$\text{AdaptiveRegret}_T(OGD) = O(\sqrt{T})$$

并且这个界是紧的。这是在第 3 章中已经看到的分析的一个简单结果，并将其作为练习。遗憾的是，这种保障对于长度为 $o(\sqrt{T})$ 的间隔是没有意义的。

1　在某些情况下，这可能是 $k \times \text{AdaptiveRegret}_T$，这取决于所使用的特定算法。

回想一下，对于强凸损失函数，具有最优学习速率调度的 OGD 算法获得 $O(\log T)$ 遗憾。然而，它确实没有获得任何非平凡的自适应遗憾保证：它的自适应遗憾可以大到 $\Omega(T)$，这也留作练习。

如果一个 OCO 算法 $\mathcal{A}$ 的自适应遗憾值在 T 的对数项范围内被限制，则称其为强自适应，也就是说，

$$\mathrm{AdaptiveRegret}_T(\mathcal{A}) = O(\mathrm{Regret}_I(\mathcal{A}) \cdot \log^{O(1)} T)$$

自然的问题是：是否存在既能获得最优遗憾保证，又能同时获得最优自适应遗憾保证的算法？正如将看到的，答案在很大程度上是肯定的：将描述和分析在这两个指标上都是最优的算法。此外，这些算法的实现比已经研究过的非自适应方法的计算开销小。

10.3　跟踪最好的专家

考虑本书第 1 章研究的基本问题，专家建议预测，但有一个小变动。不是静态的最佳专家，而是考虑不同的专家在不同的时间间隔内是"最佳专家"的设置。更准确地说，考虑这样一种情况：时间 $[T]$ 可以被分成 k 个不相交的区间，这样每个区间都可以接受不同的"本地最佳"专家。我们能学会追踪最好的专家吗？

这种跟踪问题在历史上是研究在线学习适应性的第一个动机。事实上，正如 Herbster 和 Warmuth(见 10.6 节) 所示，有一种自然的算法可以获得最佳遗憾界限。

固定份额算法，在算法 10.1 中描述，是 Hedge 算法 (算法 1.1) 的一个变体。在熟悉的乘法更新之上，它增加了一个统一的探索术语，其目的是避免任何专家的权重变得太小。可以证明，这允许在任何区间内跟踪最佳专家的遗憾界限。

与在整本书中使用的符号一致，用 $\mathbf{x} \in \mathcal{K}$ 表示凸决策集中的决策。专家 i 建议决策 $\mathbf{x}_t^i$，并根据凸损失函数 $f_t(\mathbf{x}_t^i)$ 遭受损失。定理 10.2 给出了固定份额算法的主要性能保证。

定理 10.2 给定 α-指数凹损失函数序列，$\delta = \frac{1}{2T}$ 的固定份额算法保证了 α-指数凹损失函数

$$\sup_{I=[r,s]\subseteq[T]} \left\{ \sum_{t=r}^{s} f_t(\mathbf{x}_t) - \min_{i^*\in[N]} \sum_{t=r}^{s} f_t(\mathbf{x}_t^{i^*}) \right\} = O\left(\frac{1}{\alpha} \log NT \right)$$

算法 10.1　固定份额

1：输入：参数 $\delta < \frac{1}{2}$。初始化 $\forall i \in [N], p_i^1 = \frac{1}{N}$

2：**for** $t=1$ 至 T **do**

3：　　执行 $\mathbf{x}_t = \sum_{i=1}^{N} p_t^i \mathbf{x}_t^i$

4：　　在接收 f_t 之后，对于 $1 \le i \le N$ 更新

5：

$$\hat{p}_{t+1}^i = \frac{p_t^i e^{-\alpha f_t(\mathbf{x}_t^i)}}{\sum_{j=1}^{N} p_t^j e^{-\alpha f_t(\mathbf{x}_t^j)}}$$

6：　　固定份额步骤：

$$p_{t+1}^i = (1-\delta)\hat{p}_{t+1}^i + \frac{\delta}{N}$$

7：**end for**

注意，这是不同于定义 10.1 中的自适应遗憾的保证，因为决策集是离散的。然而，在下一节将探讨的自适应算法中，它是一个至关重要的组成部分。

从这个定理直接得出的结论是 (见练习)，如果最佳专家在一个长度为 T 的序列中改变 k 多次，那么与最佳专家相比，在每个区间内的总遗憾为

$$O\left(k \log \frac{NT}{k} \right)$$

为了证明这个定理，我们从引理 10.1 开始，这是一个乘法加权属性的细粒度分析。

引理 10.1 对于所有 $1 \le i < N$，

$$f_t(\mathbf{x}_t) - f_t(\mathbf{x}_t^i) \le \alpha^{-1}(\log \hat{p}_{t+1}^i - \log \hat{p}_t^i - \log(1-\delta))$$

证明 使用 f_t 的 α-指数凹性质，

$$e^{-\alpha f_t(\mathbf{x}_t)} = e^{-\alpha f_t(\sum_{j=1}^{N} p_t^j \mathbf{x}_t^j)} \ge \sum_{j=1}^{N} p_t^j e^{-\alpha f_t(\mathbf{x}_t^j)}$$

取自然对数，

$$f_t(\mathbf{x}_t) \le -\alpha^{-1} \log \sum_{j=1}^{N} p_t^j e^{-\alpha f_t(\mathbf{x}_t^j)}$$

因此，

$$f_t(\mathbf{x}_t) - f_t(\mathbf{x}_t^i) \le \alpha^{-1}(\log e^{-\alpha f_t(\mathbf{x}_t^i)} - \log \sum_{j=1}^{N} p_t^j e^{-\alpha f_t(\mathbf{x}_t^j)})$$

$$= \alpha^{-1} \log \frac{e^{-\alpha f_t(\mathbf{x}_t^i)}}{\sum_{j=1}^{N} p_t^j e^{-\alpha f_t(\mathbf{x}_t^j)}}$$

$$= \alpha^{-1} \log \left(\frac{1}{p_t^i} \cdot \frac{p_t^i e^{-\alpha f_t(\mathbf{x}_t^i)}}{\sum_{j=1}^{N} p_t^j e^{-\alpha f_t(\mathbf{x}_t^j)}} \right)$$

$$= \alpha^{-1} \log \frac{\hat{p}_{t+1}^i}{p_t^i} = \alpha^{-1}(\log \hat{p}_{t+1}^i - \log p_t^i)$$

证明完成如下：

$$\log p_t^i = \log \left((1-\delta)\hat{p}_t^i + \frac{\delta}{N} \right)$$

$$\ge \log \hat{p}_t^i + \log(1-\delta)$$

定理 10.2 现在可以推导为一个推论。

定理 10.2 通过对区间 $I = [r, s]$ 求和，并使用 p_t^i 的下界，有

$$\sum_{t \in I} f_t(\mathbf{x}_t) - \sum_{t \in I} f_t(\mathbf{x}_t^i)$$

$$\leq \sum_{t \in I} \alpha^{-1} (\log \hat{p}_{t+1}^i - \log \hat{p}_t^i - \log(1-\delta))$$

$$\leq \frac{1}{\alpha} \left[\log \frac{1}{\hat{p}_r^i} - |I| \log(1-\delta) \right]$$

$$\leq \frac{1}{\alpha} \left[\log \frac{N}{\delta} + 2\delta|I| \right] \qquad\qquad \hat{p}_r^i \geq \frac{\delta}{N}, \delta < \frac{1}{2}$$

$$\leq \frac{1}{\alpha} \log 2NT + \frac{1}{\alpha} \qquad\qquad\qquad \delta = \frac{1}{2T}$$

10.4　在线凸优化的有效自适应遗憾

前一节中描述的固定份额算法对于离散的专家集来说是非常实用和高效的。然而，为了充分利用 OCO 的强大功能，需要一个有效的连续决策集算法。

例如，考虑在线投资组合选择和在线最短路径的问题：不应用固定份额算法在计算上是低效的。相反，这里寻求一种算法，它利用凸规划语言中这些问题的有效表示。

这里提出了这样一种方法，称为 FLH(跟随领先历史，Follow the Leading History)。基本思想是将不同时间点开始的不同在线凸优化算法视为专家，并对这些专家应用一个版本的固定份额。

算法 10.2　FLH

1: 令 $\mathcal{A}$ 为一个 OCO 算法。初始化 $p_1^1 = 1$

2: **for** $t=1$ 至 T **do**

3:　　设置 $\forall j \leq t$，$\mathbf{x}_t^j \leftarrow \mathcal{A}(f_j, ..., f_{t-1})$

4:　　执行 $\mathbf{x}_t = \sum_{j=1}^t p_t^j \mathbf{x}_t^j$

5:　　在接收到 f_t 之后，对 $1 \leq i \leq t$ 更新

6:

$$\hat{p}_{t+1}^i = \frac{p_t^i e^{-\alpha f_t(\mathbf{x}_t^i)}}{\sum_{j=1}^t p_t^j e^{-\alpha f_t(\mathbf{x}_t^j)}}$$

7:　　混合步骤：设定 $p_{t+1}^{t+1} = \frac{1}{t+1}$ 和

$$\forall i \neq t+1，p_{t+1}^i = \left(1 - \frac{1}{t+1}\right)\hat{p}_{t+1}^i$$

8: **end for**

定理 10.3 给出了主要的性能保证。

定理 10.3　设 $\mathcal{A}$ 为 α-指数-凹损失函数的 OCO 算法 $\text{Regret}_T(\mathcal{A})$。那么，

$$\text{AdaptiveRegret}_T(\text{FLH}) \leq \text{Regret}_T(\mathcal{A}) + O(\frac{1}{\alpha}\log T)$$

特别地，取 $\mathcal{A} \equiv ONS$ 保证

$$\text{AdaptiveRegret}_T = O(\frac{1}{\alpha}\log T)$$

注意，FLH 在迭代 t 时调用 $\mathcal{A}$ 的次数最多为 T。因此，它的运行时间受 T 乘以 $\mathcal{A}$ 的限制。随着迭代次数的增加，这仍然是令人望而却步的。下一节将展示该算法的思想如何产生一个只有 $O(\log T)$ 计算开销和略差的遗憾界的有效自适应算法。

FLH 的分析与固定份额的分析非常相似，主要的微妙之处在于，时间范围 T 并不是假定提前已知的，因此专家的数量会随着时间而变化。

本书没有给出完整的分析，而是给出一个 FLH 的简化版本，它假

设 T 的先验知识，其分析可以直接简化为定理 10.2。

算法 10.3   简单 FLH

1: 记 $\mathcal{A}$ 为一个 OCO 算法。设置 $N = T, \delta = \frac{1}{2T}$

2: **for** t=1 至 T **do**

3: 对于所有 $i \leq t$，设置 $\mathbf{x}_t^i \leftarrow \mathcal{A}(f_j, ..., f_{t-1})$。否则，设置 $\mathbf{x}_t^i = \mathbf{0}$

4: 应用专家预测为 $\mathbf{x}_t^i$ 的固定份额算法

5: **end for**

算法 10.3 给出了 FLH 的简化版本，它保证了以下自适应遗憾界。

定理 10.4   算法 10.3 保证：

$$\text{AdaptiveRegret}_T(简单\ \text{FLH}) \leq \text{Regret}_T(\mathcal{A}) + O(\frac{1}{\alpha}\log T)$$

证明   将定理 10.2 应用于简单 FLH 中定义的专家，保证时间 $I = [r, s]$ 中的每个区间，并且通过选择 N，对于每个 $i \leq s$，

$$\sum_{t \in I} f_t(\mathbf{x}_t) - \sum_{t \in I} f_t(\mathbf{x}_t^i) \leq \frac{1}{\alpha}\log 2NT + 1 = O(\frac{1}{\alpha}\log T)$$

特别地，考虑由第 r 个专家给出的预测序列，有

$$\sum_{t \in I} f_t(\mathbf{x}_t^r) = \text{Regret}_{s-r+1}(\mathcal{A}) \leq \text{Regret}_T(\mathcal{A})$$

该定理现在适用于每个迭代值 $I \subseteq [T]$。

10.5　计算高效的方法

10.4 节研究了自适应遗憾，介绍并分析了一种获得接近最优自适应遗憾界的算法。然而，FLH 遭受了巨大的计算和内存开销：它需要维护在线凸优化算法的 $O(T)$ 副本。这种计算开销与迭代次数成正比，在许多应用程序中都是不可接受的。本节的目标是高效地实现 FLH 的算法模板，并使用很少的空间。

更准确地说，今后将算法 $\mathcal{A}$ 的每次迭代的运行时间表示为 $V_t(\mathcal{A})$。回想一下，在时间 t 时，FLH 将所有预测存储在 $\{\mathbf{x}_t^i \mid i \in [t]\}$ 中，并且必须计算所有预测的权重。这需要至少 $O(V_t(\mathcal{A}) \cdot t)$ 的运行时间。

在算法 10.4 中描述的 FLH2 算法，在当前时间迭代参数 t 中显著地将运行时间减少到仅为对数。为了实现这一点，FLH2 应用了一种剪枝方法，将活动在线算法的数量从 t 减少到 $O(\log t)$。然而，它的自适应遗憾保证略差，与 FLH 相比，它的乘法因子为 $O(\log T)$。

算法 10.4 FLH2

1: 记 $\mathcal{A}$ 为一个 OCO 算法。初始化 $p_1^1 = 1, S_1 = \{1\}$

2: **for** $t=1$ 至 T **do**

3:　　设置 $\forall j \in S_t$, $\mathbf{x}_t^j \leftarrow \mathcal{A}(f_j, ..., f_{t-1})$

4:　　执行 $\mathbf{x}_t = \sum_{j \in S_t} p_t^j \mathbf{x}_t^j$

5:　　在接收到 f_t 后，对所有 $i \in S_t$ 执行更新：

6:

$$\hat{p}_{t+1}^i = \frac{p_t^i e^{-\alpha f_t(\mathbf{x}_t^i)}}{\sum_{j \in S_t} p_t^j e^{-\alpha f_t(\mathbf{x}_t^j)}}$$

7:　　剪枝：设置 $S_{t+1} \leftarrow \text{Prune}(S_t) \cup \{t+1\}$。设置 $\hat{p}_{t+1}^{t+1}$ 为 $\frac{1}{t}$，并且更新：

$$\forall i \in S_{t+1} \cdot p_{t+1}^i = \frac{\hat{p}_{t+1}^i}{\sum_{j \in S_{t+1}} \hat{p}_{t+1}^j}$$

8: **end for**

在给出这种剪枝方法的确切细节之前，先阐述 FLH2 的性能保证（见定理 10.5）。

定理 10.5 给出一个 OCO 算法 $\mathcal{A}$，遗憾 $\text{Regret}_T(\mathcal{A})$，运行时间 $V_T(A)$，算法 FLH2 保证：$V_T(\text{FLH2}) \le V_T(\mathcal{A}) \log T$ 并且

$$\text{AdaptiveRegret}_T(\text{FLH2}) \le \text{Regret}_T(\mathcal{A}) \log T + O(\frac{1}{\alpha} \log^2 T)$$

该定理的主要结论是通过使用 FLH2，其中 $\mathcal{A}$ 为第 4 章中的 ONS

算法得到的。这使得自适应遗憾为 $O(\frac{1}{\alpha}\log^2 T)$，运行时间为问题的自然参数的多项式和迭代次数的多项式对数。

在深入分析之前，先解释一下主要的新成分。该算法的核心是一种结合历史的新方法。这里将证明它在时间 t 时只存储 $O(\log t)$ 专家，而不是像 FLH 中那样存储所有 t 专家。

在时间 t 时，存在一个专家的工作集 S_t。在 FLH 中，这个集合可以被认为包含 $E^1, \cdots, E^t$，其中每个 E^i 是从迭代 i 开始的算法 $\mathcal{A}$。在下一轮，一个新的专家 E^{t+1} 被添加到 S_{t+1}。FLH 的复杂性和遗憾性与这些集合的基数直接相关。

减少集合 S_t 的大小的关键是还要移除（或剪枝）一些专家。一旦专家被移除，它就永远不会再被使用。算法只在专家工作集上执行乘法更新和混合步骤（算法 10.4 中的步骤 5 和步骤 7）。

维护活动专家集的问题可以看作以下抽象的数据流问题。假设整数 $1,2,\cdots$ 正在以流方式"处理"。在时间 t 时，已经"读取"到 t 的正整数，并在 S_t 中保留了它们的一个非常小的子集。在 t 时，从 S_t 创建 S_{t+1}:只允许在 S_t 中添加整数 $t+1$，并删除 S_t 中已经存在的一些整数。目标是维护一个集合 S_t, 它满足:

(1) 对于每个正数 $s \le t$, $[s, (s+t)/2] \cap S_t \ne \emptyset$

(2) 对于所有 t, $|S_t| = O(\log T)$

(3) 对于所有 t, $S_{t+1} \backslash S_t = \{t+1\}$

集合 S_t 的第一个属性直观地表示 S_t 在对数尺度上"很好地展开"。这在图 10.1 中描述。第二个属性保证了计算效率。

事实上，"剪枝"过程使用这些确切的属性维护 S_t, 并在证明定理 10.5 后详细说明。

下面证明主要定理。从一个类似的引理 10.1 开始。

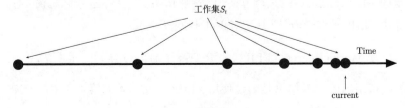

图 10.1　工作集 S_t 的说明

命题 10.1 下述等式对于所有 $i \in S_t$ 成立:

(1) $f_t(\mathbf{x}_t) - f_t(\mathbf{x}_t^i) \leq \alpha^{-1}(\log \hat{p}_{t+1}^i - \log \hat{p}_t^i + \log \frac{t-1}{t})$

(2) $f_t(\mathbf{x}_t) - f_t(\mathbf{x}_t^t) \leq \alpha^{-1}(\log \hat{p}_{t+1}^t + \log t)$

证明 使用 f_t 的 α-指数凹性

$$e^{-\alpha f_t(\mathbf{x}_t)} = e^{-\alpha f_t(\sum_{j \in S_t} p_t^j \mathbf{x}_t^j)} \geq \sum_{j \in S_t} p_t^j e^{-\alpha f_t(\mathbf{x}_t^j)}$$

取自然对数:

$$f_t(\mathbf{x}_t) \leq -\alpha^{-1} \log \sum_{j \in S_t} p_t^j e^{-\alpha f_t(\mathbf{x}_t^j)}$$

因此,

$$
\begin{aligned}
f_t(\mathbf{x}_t) - f_t(\mathbf{x}_t^i) &\leq \alpha^{-1}(\log e^{-\alpha f_t(\mathbf{x}_t^i)} - \log \sum_{j \in S_t} p_t^j e^{-\alpha f_t(\mathbf{x}_t^j)}) \\
&= \alpha^{-1} \log \frac{e^{-\alpha f_t(\mathbf{x}_t^i)}}{\sum_{j \in S_t} p_t^j e^{-\alpha f_t(\mathbf{x}_t^j)}} \\
&= \alpha^{-1} \log \left(\frac{1}{p_t^i} \cdot \frac{p_t^i e^{-\alpha f_t(\mathbf{x}_t^i)}}{\sum_{j \in S_t} p_t^j e^{-\alpha f_t(\mathbf{x}_t^j)}} \right) \\
&= \alpha^{-1} \log \frac{\hat{p}_{t+1}^i}{p_t^i}
\end{aligned}
$$

为了完成证明, 注意以下两个事实, 它们与引理 10.1 中使用的事实类似。

(1) 对于 $1 \leq i < t$, $\log p_t^i \geq \log \hat{p}_t^i + \log \frac{t-1}{t}$

(2) $\log p_t^t \geq -\log t$

证明这些事实就留作练习了。

利用这一点, 可以证明引理 10.2。

引理 10.2 考虑某个时间区间 $I = [r, s]$。假设 E^r 在工作集 S_t 中, 对于所有 $t \in I$。那么在 I 中产生的遗憾不超过 $\frac{1}{\alpha} \log(s) + \text{Regret}_T(\mathcal{A})$。

证明 考虑 I 对于专家 E^r 的遗憾，

$$\sum_{t=r}^{s}(f_t(\mathbf{x}_t)-f_t(\mathbf{x}_t^r))$$

$$=(f_r(\mathbf{x}_r)-f_r(\mathbf{x}_r^r))+\sum_{t=r+1}^{s}(f_t(\mathbf{x}_t)-f_t(\mathbf{x}_t^r))$$

$$\leq \alpha^{-1}\left(\log \hat{p}_{r+1}^r+\log r+\sum_{t=r+1}^{s}(\log \hat{p}_{t+1}^r-\log \hat{p}_t^r+\log \frac{t}{t-1})\right) \qquad \text{声明10.1}$$

$$=\alpha^{-1}(\log r+\log \hat{p}_{s+1}^r+\sum_{t=r+1}^{s}\log \frac{t}{t-1})$$

$$=\alpha^{-1}(\log(s)+\log \hat{p}_{s+1}^r)$$

因为 $\hat{p}_{s+1}^r \leq 1$，$\log \hat{p}_{s+1}^r \leq 0$，这意味着相对于专家 E^r 的遗憾界为 $\alpha^{-1}\log(s)$。由于 E^r 在 I 上的遗憾界为 $\text{Regret}_I(\mathcal{A}) \leq \text{Regret}_T(\mathcal{A})$，因此结论如下。

给定 S_t 的属性，我们可以证明在任何区间内产生的遗憾都很小。

引理 10.3 对于任何区间 I，由 FLH2 引起的遗憾最多是

$$(\tfrac{1}{\alpha}\log(s)+\text{Regret}_T(\mathcal{A}))(\log_2|I|+1)$$

证明 令 $|I| \in [2^q, 2^{q+1})$，并且为了方便记 $R_T=\frac{1}{\alpha}\log(s)+\text{Regret}_T(\mathcal{A})$。我们将在 q 上用归纳法证明。

归纳基础：对于 $q=0$，遗憾的界为

$$f_r(\mathbf{x}_r) \leq \text{Regret}_T(\mathcal{A}) \leq R_T$$

归纳步骤：根据 S_t 的性质，在池中存在一个专家 E^i，使得 $i \in [r,(r+s)/2]$。专家 E^i 在时间 i 进入专家池中，并一直停留在 $[i,s]$。通过引理 10.2，算法在 $[i,s]$ 中产生的遗憾不超过 $R_T=\frac{1}{\alpha}\log(s)+\text{Regret}_T(\mathcal{A})$。

区间 $[r,i-1]$ 的大小不超过 $\frac{|I|}{2} \in [2^{q-1}, 2^q)$，根据归纳，算法在这个区间上的遗憾不超过 $R_T \cdot q$。在 I 上总共有 $R_T(q+1)$ 遗憾。

现在可以证明定理 10.5。

证明定理 10.5　FLH2 的运行时间受 $|S_t| \cdot V_T(\mathcal{A})$ 的限制。由于 $|S_t| = O(\log t)$，因此可以用 $O(V_T(\mathcal{A}) \log T)$ 来限定运行时间。这个事实，加上引理 10.3，完成了证明。

剪枝方法

现在解释用于维护集合 $S_t \subseteq \{1, 2, ..., t\}$ 的剪枝过程。

指定整数 i 的生命周期。如果 $i = r2^k$，其中 r 为奇数，则 i 的生命周期为 $2^{k+2} + 1$。假设 i 的生命周期是 m，那么在任何时候 $t \in [i, i+m]$，整数 i 在 t 是存活的。集合 S_t 是在时间 t 存在的所有整数的集合。显然，在 t 时刻，加到 S_t 的唯一整数是 t——这立即证明了性质 (3)。现在证明其他性质。

证明　(性质 (1)) 需要证明 $[s, (s+t)/2]$ 中的某个整数在时间 t 是存活的。当 $t - s < 2$ 时，这是完全正确的，因为 $t - 1, t \in S_t$。设 2^ℓ 为 2 的最大幂，使 $2^\ell \le (t-s)/2$。在 $x \in [s, (s+t)/2]$ 中存在一个整数 x，使得 $2^\ell | x$。x 的生命周期大于 $2^\ell \times 2 + 1 > t - s$，因此 x 在 t 时是存活的。

证明　(性质 (2)) 对于每个 $0 \le k \le \lfloor \log t \rfloor$，计算在 t 处存在的 $r2^k$ (r 奇数) 形式的整数的数量。这些整数的生存期是 $2^{k+2} + 1$。唯一存活的整数在区间 $[t - 2^{k+2} - 1, t]$ 中。由于所有这种形式的整数都被至少 2^k 大小的间隔隔开，因此在 t 处存在的这样的整数最多为常数个。总的来说，S_t 的大小是 $O(\log t)$。

10.6　文献评述

Zinkevich(2003) 提出了在线梯度下降的动态遗憾界，并在 Besbes et al.(2015) 中进行了进一步研究。在 Zhang et al.(2018) 中表明，自适应遗憾界意味着动态遗憾界。

在不断变化的环境中学习的研究可以追溯到 Herbster and Warmuth(1998) 在跟踪专家建议预测问题方面的开创性工作。他们的技术后来被扩展到对小范围专家的跟踪。

(Singe, 1998; György et al., 2005) 使用 Fixed-Share 技术研究了高效跟踪大量专家集的问题。

Hazan and Seshadhri(2007) 介绍了从固定份额到 FLH 技术的偏差和自适应遗憾的概念。这些技术是后来研究和扩展的主题 (Adamskiy et al., 2016; Zhang et al., 2019)。Daniely et al.(2015) 研究弱凸损失函数的自适应遗憾，并引入术语"强自适应"，用于区分弱凸设置和强凸设置。他们指出 FLH 是一种强自适应算法。

使用指数回看进行预测起源于信息论。本章使用高效的数据流处理方法来维护一小部分活跃的专家数据，相关文献 (Gopalan et al., 2007) 研究了这些方法。

自适应遗憾算法是由涉及不断变化的环境的应用驱动的，例如投资组合选择问题。最近，它们被应用于时间序列预测 (Anava et al., 2013) 和动力系统的控制 (Gradu et al, 2020)。

10.7 练习

1. 考虑一个 OCO 设置，它可以被划分为 k 的区间，这样在每个区间中，不同的比较器是最优的。设 $\mathcal{A}$ 是一个具有 $\text{AdaptiveRegret}_T(\mathcal{A}) = o(T)$ 的自适应遗憾保证的算法。证明 $\mathcal{A}$ 与最佳 k 移位比较器的遗憾为 $k * \text{AdaptiveRegret}_T$。

2. 证明步长为 $O(\frac{1}{\sqrt{t}})$ 的凸函数的 OGD 算法具有 $O(\sqrt{T})$ 的自适应遗憾保证，并且这是紧的。根据第 5 章，证明 OGD 的惰性版本表现不同且具有自适应遗憾界 $\Omega(T)$。

3. 证明步长为 $O(\frac{1}{t})$ 的强凸函数的 OGD 算法具有自适应遗憾，其下界为 $\Omega(T)$。

4. 考虑使用 α 指数凹损失函数的专家建议预测问题，其中最佳专家切换 k 次。即时间可分为 k 段 $I_1, ..., I_k$，使得每个细分领域的最佳专家是不同的。

证明固定份额算法相对于最佳 k 切换专家 (允许更换专家 k 次的策略) 的遗憾是有界的

$$O\left(k \log \frac{NT}{k}\right)$$

5. 说明固定份额算法不需要预先知道迭代次数 T 的 δ 参数选择。用你选择的 δ 证明类似的定理 10.2。

6. 完成定理 10.3 的证明。

7. 证明命题 10.1 中的下列事实：

(a) $1 \le i < t$, $\log p_t^i \ge \log \hat{p}_t^i + \log \frac{t-1}{t}$

(b) $\log p_t^t \ge -\log t$

8. 利用 ONS 算法实现元算法 FLH 和 FLH2，并将得到的方法应用于投资组合选择问题。基准测试你的结果，并与 ONS 和 OGD 进行比较。

第 *11* 章

Boosting 与遗憾

本章将考虑机器学习的一个基本方法论：Boosting。在统计学习环境中，粗略地说，Boosting 指的是采用一组粗略的"经验法则"，并将它们组合成一个更准确的预测器的过程。

例如，考虑光学字符识别 (OCR) 问题的最简单形式：给定一组描述手写邮政编码数字的位图图像，将包含数字"1"的图像与包含数字"0"的图像进行分类。

似乎，区分这两个数字是一项艰巨的任务，因为笔迹风格不同，即使是同一个人的笔迹风格也不一致，训练数据中的标签错误等。然而，一个不准确的经验法则很容易产生：在图 11.1 的左下角区域，期望"1"比"0"有更多的暗位。当然，这是一个相当不准确的分类器。它没有考虑数字的对齐方式、笔迹的粗细和许多其他因素。尽管如此，作为经验法则，期待比随机算法更好的性能，并与真实数据有一定的相关性。

粗糙的单比特预测器的不准确性被它的简单性所弥补。基于这个经验法则实现一个分类器并不难，它确实非常高效。现在出现的自然而基本的问题是：几个这样的经验法则能否组合成一个单一的、准确而有效的分类器？

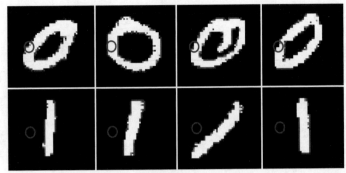

图 11.1　从单个像素中区分 0 和 1

在本章的剩余部分，将在统计学习理论框架中形式化这个问题。然后，继续使用本书中开发的技术，即面向在线凸优化的遗憾最小化算法，以肯定地回答这个问题。这里的开发有点不标准：将从面向 Boosting 的最小化遗憾视角描述黑盒归约。这使得本书前面讨论的任何 OCO 方法都可以用作 Boosting 算法的主要组成部分。

11.1　Boosting 的问题

本章使用第 9 章中关于学习理论的符号和定义，并关注统计可学习性而不是不可知可学习性。更正式地说，假设所谓的"可实现性假设"，即对于假设类 $\mathcal{H}$ 上的学习问题，存在某些 $h^\star \in \mathcal{H}$，使得其泛化误差为零，或形式上 $\text{error}(h^\star) = 0$。

使用前一章的符号，可以定义以下似乎比统计可学习性更弱的概念。

定义 11.1(弱可学习性)　如果下列条件成立，则概念类 $\mathcal{H}: \mathcal{X} \mapsto \mathcal{Y}$ 被认为是 γ-弱可学习的。存在一个算法 $\mathcal{A}$，它接受 $S_m = \{(\mathbf{x}, y)\}$，并在 $\mathcal{A}(S_m) \in \mathcal{H}$ 中返回一个假设，该假设满足：

对于任意 $\delta > 0$，存在足够大的 $m = m(\delta)$，使得对于 $(\mathbf{x}, y)$ 上的任意分

布 $\mathcal{D}$，$y = h^\star(\mathbf{x})$，和这个分布上的 m 个样本，

$$\text{error}(\mathcal{A}(S_m)) \leq \frac{1}{2} - \gamma$$

依概率 $1 - \delta$ 成立。

这是在第 9 章中描述的统计可学习性定义的明显弱化：误差不需要接近零。在 Boosting 的情境下，统计学习的标准型被称为"强可学习性"。实现弱可学习性的算法被称为弱学习器，可以对应地将强学习器称为实现统计可学习性的算法，即允许对某个概念类的泛化误差任意接近于零。

Boosting 的核心问题现在可以形式化成：弱学习和强学习是等价的吗？换句话说，是否存在一个 (有效的？) 过程，可以访问一个概念类的弱 Oracle，并为该类返回一个强学习器？

神奇的是，答案是肯定的，并由此产生了机器学习中最有效的范式之一。

11.2　基于在线凸优化的 Boosting

本节将描述从 OCO 到 Boosting 的归约。该模板类似于在第 9 章中使用的模板：使用在本书中探索的众多在线凸优化算法之一，以及访问弱学习器，创建了一个强学习的过程。

11.2.1　简化设置

推导注重简单性而不是泛化性。因此，做出以下假设：

(1) 把自己限制在二进制分类的经典设置中。Boosting 实值损失也是可能的，但超出了范围。因此，假设损失函数为 0-1 损失，即：

$$\ell(\hat{y}, y) = \begin{cases} 0, & y = \hat{y} \\ 1, & 0/w \end{cases}$$

(2) 假设概念类是可实现的，即存在一个$h^\star \in \mathcal{H}$，使得 error($h^\star$) = 0。在不可知学习设置中有一些关于 Boosting 的结论，这些在 11.3 节"文献评述"中有调研。

(3) 将样本 $\mathcal{X} \times \mathcal{Y} = \{(x, y)\}$ 的分布表示为 $\Delta_{\mathcal{X}}$ 中的一个点，其中 $y = h^\star(\mathbf{x})$。也就是说，点 $\mathbf{p} \in \Delta_{\mathcal{X}}$ 是一个非负向量。它在所有样本上的积分为 1。为简单起见，认为 $\mathcal{X}, \mathcal{Y}$ 是有限的，因此 $\mathbf{p} \in \Delta_m$ 属于 m 维单纯形，即是 m 元素的离散分布。

(4) 因此，用 $\mathcal{W}$ 表示弱学习算法，并用 $\mathcal{W}(\mathbf{p}, \delta)$ 表示对满足分布 $\mathbf{p}$ 的弱学习算法的调用：

$$\Pr_{\mathbf{p}}[\text{error}(\mathcal{W}(\mathbf{p}, \delta)) \geq \frac{1}{2} - \gamma] \leq \delta$$

有了这些假设和定义，下面准备证明主要结果：使用带有次线性遗憾界的在线凸优化算法，从弱学习归约至强学习。从本质上讲，任务是在给定的样本上找到一个误差为零的假设。

11.2.2　算法与分析

Boosting 算法的伪代码在算法 11.1 中给出。这种归约接受 γ-弱学习器作为输入，并将其视为一个黑盒，返回一个函数，这里将证明它是一个强学习器。

归约还接受一个在线凸优化算法 $\mathcal{A}^{\text{oco}}$ 作为输入。OCO 算法的底层决策集是 m 维的单纯形，其中 m 是样本量。因此，它的决策是样本上的分布。代价函数是线性的，并赋值为 0 或 1，这取决于当前假设在特定样本上是否出错。因此，某个迭代的代价是当前假设（由弱学习器选择）的期望误差除以低遗憾算法选择的分布。

值得注意的是，算法输出的最终假设 $\bar{h}$ 并不一定属于我们开始时的初始假设类 $\mathcal{H}$。

定理 11.1　算法 11.1 返回一个假设 $\bar{h}$，依概率至少 $1 - \delta$ 满足，

$$\text{error}_S(\bar{h}) = 0$$

算法 11.1　从 Boosting 到 OCO 的归约

输入：$\mathcal{H}, \delta$, OCO算法 $\mathcal{A}^{\text{OCO}}$，γ-弱学习算法 $\mathcal{W}$，样本 $S_m \sim \mathcal{D}$

设定 T 满足 $\frac{1}{T}\text{Regret}_T(A^{\text{OCO}}) \leq \frac{\gamma}{2}$

设定分布 $\mathbf{p}_1 = \frac{1}{m}\mathbf{1} \in \Delta_m$ 为均匀分布

for $t=1,2...T$ **do**

　　寻找假设 $h_t \leftarrow \mathcal{W}(\mathbf{p}_t, \frac{\delta}{2T})$

　　定义损失函数 $f_t(\mathbf{p}) = \mathbf{r}_t^\top \mathbf{p}$，其中向量 $\mathbf{r}_t \in \mathbb{R}^m$ 定义为

$$\mathbf{r}_t(i) = \begin{cases} 1, & h_t(\mathbf{x}_i) = y_i \\ \\ 0, & o/w \end{cases}$$

　　更新 $\mathbf{p}_{t+1} \leftarrow \mathcal{A}^{\text{OCO}}(f_1, ..., f_t)$

end　for

return $\bar{h}(\mathbf{x}) = \text{sign}(\sum_{t=1}^{T} h_t(\mathbf{x}))$

证明　给定 $h \in \mathcal{H}$，表示它在样本 S 上的经验误差，由分布 $\mathbf{p} \in \delta_m$ 中加权，得：

$$\text{error}_{S,\mathbf{p}}(h) = \sum_{i=1}^{m} \mathbf{p}(i) \cdot \mathbf{1}_{h(\mathbf{x}_i) \neq y_i}$$

注意，根据 $\mathbf{r}_t$ 的定义，有 $\mathbf{r}_t^\top \mathbf{p}_t = 1 - \text{error}_{S,\mathbf{p}_t}(h_t)$。由于 h_t 是 γ-弱学习器在分布 $\mathbf{p}_t$ 上的输出，对于所有 $t \in [T]$，有

$$\Pr[\mathbf{r}_t^\top \mathbf{p}_t \leq \frac{1}{2} + \gamma] = \Pr[1 - \text{error}_{S,\mathbf{p}_t}(h_t) \leq \frac{1}{2} + \gamma]$$

$$= \Pr[\text{error}_{S,\mathbf{p}_t}(h_t) \geq \frac{1}{2} - \gamma]$$

$$\leq \frac{\delta}{2T}$$

这适用于每个单独的 t，根据联合约束有

$$\Pr[\frac{1}{T}\sum_{t=1}^{T} \mathbf{r}_t^\top \mathbf{p}_t \geq \frac{1}{2} + \gamma] \geq 1 - \delta$$

用 $S_\phi \subseteq S$ 表示所有错误分类样本 $\bar{h}$ 的集合。令 $\mathbf{p}^*$ 为 S_ϕ 上的均匀分布。

$$
\begin{aligned}
\sum_{t=1}^T \mathbf{r}_t^\top \mathbf{p}^* &= \sum_{t=1}^T \frac{1}{|S_\phi|} \sum_{(\mathbf{x},y)\in S_\phi} \mathbf{1}_{h_t(\mathbf{x})=y} \\
&= \frac{1}{|S_\phi|} \sum_{(\mathbf{x},y)\in S_\phi} \sum_{t=1}^T \mathbf{1}_{h_t(\mathbf{x}_j)=y_j} \\
&\le \frac{1}{|S_\phi|} \sum_{(\mathbf{x},y)\in S_\phi} \frac{T}{2} \qquad \bar{h}(\mathbf{x}_j)\ne y_j \\
&= \frac{T}{2}
\end{aligned}
$$

结合前面两个观察结果，依概率至少 $1-\delta$ 满足

$$
\begin{aligned}
\frac{1}{2}+\gamma &\le \frac{1}{T}\sum_{t=1}^T \mathbf{r}_t^\top \mathbf{p}_t \\
&\le \frac{1}{T}\sum_{t=1}^T \mathbf{r}_t^\top \mathbf{p}^* + \frac{1}{T}\mathrm{Regret}_T(\mathcal{A}^{\mathrm{OCO}}) \quad \mathcal{A}^{\mathrm{OCO}} \text{的低遗憾} \\
&\le \frac{1}{2} + \frac{1}{T}\mathrm{Regret}_T(\mathcal{A}^{\mathrm{OCO}}) \\
&\le \frac{1}{2} + \frac{\gamma}{2}
\end{aligned}
$$

这是一个矛盾。结论是分布 $\mathbf{p}^*$ 不存在，因此 S 中的所有样本都被正确地分类。

11.2.3　AdaBoost

当 OCO 算法被认为是我们在本书中了解的乘法更新方法时，我们所描述的模板归约的一个特例就得到了。

在本书的语境中，推论 5.1 给出了 EG 算法的一个遗憾界 $O(\sqrt{T\log m})$。利用 $O(\frac{1}{\gamma^2}\log m)$ 限制算法 11.1 中的 T。

与之密切相关的是 AdaBoost 算法，它是机器学习中最有用和最成功的算法之一 (见 11.3 节)。与分析过的 Boosting 算法不同，AdaBoost 不需要事先知道弱学习器的参数 γ。AdaBoost 算法的伪代码在算

法 11.2 中给出。

算法 11.2　AdaBoost

输入：$\mathcal{H}, \delta, \gamma$ 弱学习器 $\mathcal{W}$，样本 $S_m \sim \mathcal{D}$

设定 $\mathbf{p}_1 \in \Delta_m$ 为 S_m 上的均匀分布

for $t = 1, 2 \ldots T$ **do**

　　寻找假设 $h_t \leftarrow \mathcal{W}(\mathbf{p}_t, \frac{\delta}{T})$

　　计算 $\varepsilon_t = \text{error}_{S,\mathbf{p}_t}(h_t)$，$\alpha_t = \frac{1}{2} \log(\frac{1 - \varepsilon_t}{\varepsilon_t})$

　　更新，

$$\mathbf{p}_{t+1}(i) = \frac{\mathbf{p}_t(i)e^{-\alpha_t y_i h_t(i)}}{\sum_{j=1}^m \mathbf{p}_t(j)e^{-\alpha_t y_j h_t(j)}}$$

end for

return $h(\mathbf{x}) = \text{sign}(\sum_{t=1}^T \alpha_t h_t(\mathbf{x}))$

11.2.4　补全路线图

到目前为止，在我们的讨论中只关注样本的经验误差。为了展示泛化性并完成 Boosting 定理，必须证明在足够大的样本上的零经验误差预示基础分布上的 ε 泛化误差。

注意，Boosting 算法返回的假设不属于原始概念类。这对证明基于固定假设类上测度集中泛化误差界的某些方法提出了挑战。

这两个问题都可用压缩意味着泛化的含义来解释，如定理 9.5 中给出的那样。下面将概述这个论证，精确的推导留作练习。

粗略地说，Boosting 算法 11.1 在 m 样本上运行 $T = O(\frac{\log m}{\gamma^2})$ 轮，返回最终假设 $\bar{h}$，其为 T 假设的多数投票，正确分类训练集中的所有 m 样本。

假设弱学习算法的样本复杂度为 $k(\gamma, \delta)$：给定 $k = k(\gamma, \delta)$ 样本，它返回一个概率至少为 $1 - \delta$，泛化误差最大为 $\frac{1}{2} - \gamma$ 的假设。此外，假设原始的 m 样本训练集是从分布 $\mathcal{D}$ 中采样的。

由于 $\bar{h}$ 正确地分类了整个训练集，因此分布 $\mathcal{D}$ 的压缩方案大小为

$$Tk = O\left(\frac{k(\gamma, \frac{\delta}{T})\log m}{\gamma^2}\right)$$

因此，使用定理 9.5，有，

$$\operatorname{error}_{\mathcal{D}}(\bar{h}) \leq O\left(\frac{k\log^2\frac{m}{\delta}}{\gamma^2 m}\right)$$

现在，可以通过选择 m 作为 k, δ, γ 的函数来获得任意小泛化误差。注意，这个参数只对弱学习算法的样本复杂度做了假设，而不是假设类 $\mathcal{H}$。

11.3 文献评述

Boosting 的理论问题在 Schapird(1990)，Freund(1995) 中提出并解决了。AdaBoost 算法是在研讨论文 Freund and Schapird(1997) 中提出的。这篇论文还包含了从一般的低遗憾算法到 Boosting 的主要部分。

正如统计学家 Leo Breiman(Olshen 2001) 所描述的那样，Boosting 对理论和实际数据分析产生了重大影响。有关 Boosting 理论和应用的更全面的调查，请参阅 Schapire and Freund(2012)。

不可知 Boosting 的理论是最近才出现的，有几个不同的定义和设置，参阅 [Kalai et al., 2008; Kalai and Servedio, 2005; Kanade and Kalai, 2009; Feldman, 2009; Ben-David et al., 2001]，其中最普遍的可能是 Kanade and Kalai(2009)。

对于统计和在线设置，文章 Brukhim et al.(2020) 给出了一个可实现和不可知 Boosting 的统一框架。

通过梯度 Boosting 理论，将 Boosting 理论推广到实际实值学习中 (Friedman, 2002)。最近，它被扩展到在线学习 (Leistner et al., 2009; Chen et al., 2012, 2014; Beygelzimer et al., 2015a,b; Agarwal et al., 2019; Jung et al., 2017; Jung and Tewari, 2018; Brukhim and Hazan, 2020)。

11.4　练习

1. 描述一种基于在线梯度下降算法的 Boosting 算法。给出其运行时间界。

2. 从网上下载 MNIST 数据集。实现弱学习器，根据单个比特来区分你选择的一对数字。实现 AdaBoost 并将其应用于较弱的学习器。总结你的结果和结论。

3. *考虑不可知 Boosting 的问题，其中不假定存在零误差假设 (zero-error hypothesis)。

(a) 在不可知的情况下，写下弱学习算法的另一种定义。

(b) 为一个 Boosting 算法写下一个合理的目标。

(c) 写出定理 1.1 中不可知 Boosting 的类似例子 (不需要证明)。

4. 使用 Boosting 算法 11.1 和样本复杂度为 $k(\gamma, \delta)$ 的弱学习算法，计算实现泛化误差 ε 所需的样本数量。

第 *12* 章

在线 Boosting

　　本书主要考查在线凸优化 (OCO) 与学习，一个很自然的问题就是问在在线世界中是否有类似的 Boosting 技术？什么是在线凸优化中的"弱学习器"，如何强化它？这是本章的主题，下面将看到在在线凸优化设置中 Boosting 是非常强大和有用的。

12.1　动机：向大量专家学习

　　回顾一下本书第 1 章中经典的专家建议预测问题。学习器根据任意选择的损失函数迭代地做出决策并接受损失。在决策过程中，学习器得到了一群专家的协助。经典算法，如 Hedge 算法 (算法 1.1)，保证的遗憾界为$O(\sqrt{T \log N})$，其中 N 是专家的数量，这是已知的紧界。

　　然而，在许多感兴趣的问题中，专家的人数太多，无法有效地处理。这在情境 (contextual) 学习中尤其明显，如下面正式定义的那样，专家是策略——将情境映射到行动的函数在这种情况下，即使遗憾界为$O(\sqrt{T \log N})$是有意义的，实现这个遗憾界的算法在计算上是低效的；它们的运行时间与 N 是线性的。这种线性依赖在很多时候是不可接受的：将情境映射到行动上的策略，其有效数量是情境数量的指数级。

　　解决这种计算难题的 Boosting 方法，其动机是观察到通常有可能设计简单的经验法则，其性能略好于随机猜测。类似于第 11 章中的弱学习 Oracle，这里提出学习器可以访问一个"在线弱学习器"——一种计算成本低廉的机制，能够保证对一个基本假设类的乘法近似遗憾。

本章的剩余部分将描述有效算法，当提供弱学习器时，可与具有近似最优遗憾的基本假设类凸包竞争。

12.1.1　示例：Boosting在线二进制分类

作为刚刚调查动机的一个更精确的例子，下面从专家建议中形式化二元预测在线 Boosting。在迭代 t 次时，一组专家表示成 $h \in \mathcal{H}$，观察情境 $\mathbf{a}_t$，并在 $h(\mathbf{a}_t) \in \{-1, 1\}$ 中预测二进制结果。对于一个真标签 $y_t \in \{-1, 1\}$，每个专家的损失被认为是二进制损失 $-h(\mathbf{a}_t) \cdot y_t$。第 1 章的 Hedge 算法适用于这个问题，对于有限的 $\mathcal{H}$，它保证的遗憾界为 $O(\sqrt{T \log|\mathcal{H}|})$。然而，在 $\mathcal{H}$ 非常大的情况下，保持权重在计算上是禁止的。

在这种情况下，弱在线学习器 $\mathcal{W}$ 是一种算法，它保证从最好专家类中获得最多 γ 份损失，对于一些 $\gamma \in [0, 1]$，至多一个附加的次线性遗憾项。形式上，对于任何情境序列和标签 $\{\mathbf{a}_t, y_t\}$，

$$\sum_{t=1}^{T} y_t \cdot \mathcal{W}(\mathbf{a}_t) \le \gamma \cdot \min_{h \in \mathcal{H}} \sum_{t=1}^{T} y_t \cdot h(\mathbf{a}_t) + \text{Regret}_T(\mathcal{W})$$

在线 Boosting 问题现在可以这样表述：给定一个弱在线学习算法 $\mathcal{W}$，能否设计一个有效的在线算法 $\mathcal{A}$，保证在 $\mathcal{H}$ 上遗憾消失？更正式地说，设定

$$\text{Regret}_T(\mathcal{A}) = \sum_{t=1}^{T} y_t \cdot \mathcal{W}(\mathbf{a}_t) - \min_{h \in \mathcal{H}} \sum_{t=1}^{T} y_t \cdot h(\mathbf{a}_t)$$

可以设计一个算法 $\mathcal{A}$，确保 $\frac{\text{Regret}_T(\mathcal{A})}{T} \mapsto 0$，而不需要显式访问 $\mathcal{H}$ 吗？正如将看到的，这个问题的答案在很大程度上是肯定的：在在线学习中，Boosting 确实有一个在线类似的强大技术。下一节将描述一个更强大的 Boosting 概念，它适用于在线凸优化的全部泛化。这反过来意味着在线二进制分类中这个问题有肯定答案。

12.1.2　示例：个性化文章配置

在将文章与互联网上某个网页的访问者进行匹配的问题中，对于特定的访问者，在给定的网页中可以配置大量的文章。这种情况下的文章配置者、决策者的目标，是找到最相关的文章，最大限度地提高访问者点击的概率。

通常情况下，情境是可用的，以用户配置文件、首选项、浏览历史等形式。这个情境在配置最相关文章方面是无价的。因此，文章配置者的决定是从策略中进行选择：从情境到文章的映射。

策略空间明显大于文章空间和情境空间：其大小是文章对情境基数的幂。这激发了在线学习算法的使用，其计算复杂度与专家的数量无关。

这个问题的自然表述不是二元预测，而是多类预测。用在线凸优化的语言表述这个问题留作练习。

12.2　情境学习模型

在在线凸优化的语境中，Boosting 对我们现在描述的情境学习问题最有用。

让我们考虑一般凸决策集 $\mathcal{K} \subseteq \mathbb{R}^d$ 上熟悉的 OCO 设置，以及对抗性选择的凸损失函数 $f_1, ..., f_t : \mathcal{K} \mapsto \mathbb{R}$。在我们有大量可能的专家的情况下，Boosting 尤其重要，这使得可以运行一个我们迄今为止认为不可行的算法。具体来说，假设我们可以访问一个假设类 $\mathcal{H} \subseteq \{\mathbf{a}\} \mapsto \mathcal{K}$，给定一个情境序列 $\mathbf{a}_1, ..., \mathbf{a}_t$，产生一个新的点 $h(\mathbf{a}_{t+1}) \in \mathcal{K}$。

本书已经研究了许多能够最小化这种设置中遗憾的方法，所有这些方法都假设可以访问集合 $\mathcal{H}$，并以某种方式依赖于它的直径。

为了避免这种依赖，这里考虑一个替代 $\mathcal{H}$ 的访问模型。OCO 设置的弱学习器定义如下。

定义 12.1　一个在线学习算法 $\mathcal{W}$ 是一个 γ 弱 OCO 学习器 (Weak OCO Learner, WOCL)，对于 $\mathcal{H}$ 和 $\gamma \in (0, 1)$，如果对于任意情境序列 $\{\mathbf{a}_t\}$ 和

线性损失函数 $f_1, ..., f_T$，其中 $\max_{\mathbf{x} \in \mathcal{K}} f_t(\mathbf{x}) - \min_{\mathbf{y} \in \mathcal{K}} f_t(\mathbf{y}) \leq 1$[1]，有

$$\sum_{t=1}^{T} f_t(\mathcal{W}(\mathbf{a}_t)) \leq \gamma \cdot \min_{h \in \mathcal{H}} \sum_{t=1}^{T} f_t(h(\mathbf{a}_t)) + (1-\gamma) \sum_{t=1}^{T} f_t(\bar{\mathbf{x}}) + \text{Regret}_T(\mathcal{W})$$

$$(12.1)$$

其中 $\bar{\mathbf{x}} = \int_{\mathbf{x} \in \mathcal{K}}$，$\mathbf{x}$ 是 $\mathcal{K}$ 的质心。

这一定义与迄今为止看到的遗憾最小化保证类型有两个不同之处。首先，在事后看来，该算法可与最佳比较器的 γ 倍竞争，并且在这种精确的方式中是"弱"的。

其次，乘法保证对于常数变换不是不变的。这就是在遗憾范围内存在一个额外组件 $\sum_t f_t(\bar{\mathbf{x}})$ 的原因。这可以被认为是一个随机或朴素预测器的代价。一个弱学习器至少要比这个朴素的、毫无预见性的预测器表现得更好！

因此，可以方便地假设损失函数变换满足 $f_t(\bar{\mathbf{x}}) = 0$。在这个假设下，可以将 γ-WOCL 改写为

$$\sum_{t=1}^{T} f_t(\mathcal{W}(\mathbf{a}_t)) \leq \gamma \cdot \min_{h \in \mathcal{H}} \sum_{t=1}^{T} f_t(h(\mathbf{a}_t)) + \text{Regret}_T(\mathcal{W}) \qquad (12.2)$$

12.3   延拓算子

主要的困难是如何处理 WOCL(Weak OCO Learner) 提供的近似保证。因此，接下来描述的算法将弱学习器返回的预测按 $\frac{1}{\gamma}$ 因子进行缩放。这意味着缩放后的决策不再属于原始决策集，需要被投影回去。

主要的挑战就在这里。首先，假设损失函数 $f \in \mathcal{F}$ 是定义在所有 $\mathbb{R}^d$ 上的，以使 $\mathcal{K}$ 以外的决策有效。接下来，需要能够在不增加成本的情况下投影到 $\mathcal{K}$ 上。可以看出，一些函数的自然族，即线性函数，不允许有这样的投影。为了纠正这种情况，在凸域 $\mathcal{K}$ 上定义函数的延拓

---

1 如果用不同的比例代替一个常数，结果将适用于另一个常数。

算子，如下所示。

首先，将集合 $\mathcal{K}$ 上的 Euclidean 距离函数表示为（见 13.2 节）：

$$\mathbf{Dist}(\cdot, \mathcal{K})\ ,\quad \mathbf{Dist}(\mathbf{x}, \mathcal{K}) = \min_{\mathbf{y} \in \mathcal{K}} \|\mathbf{y} - \mathbf{x}\|$$

定义 12.2($(\mathcal{K}, \kappa, \delta)$-**延拓**)　$\mathcal{K} \subseteq \mathbb{R}^d$ 上的延拓算子定义为：

$$X_{\mathcal{K}, \kappa, \delta}[f] : \mathbb{R}^d \mapsto \mathbb{R}\ ,\quad X[f] = S_\delta[f + \kappa \cdot \mathbf{Dist}(\cdot, \mathcal{K})],$$

其中，光滑算子 S_δ 根据引理 2.4 定义。

从这些运算符中得到的重要信息是引理 12.1，它在在线凸优化 Boosting 算法（算法 12.1）中至关重要，因为它将从弱学习器获得的不可行点投射到可行域。

引理 12.1　一个函数 $\hat{f} = X[f]$ 的 $(\mathcal{K}, \kappa, \delta)$-延拓满足如下条件。

1. 对于每个点 $\mathbf{x} \in \mathcal{K}$，我们有 $\|\hat{f}(\mathbf{x}) - f(\mathbf{x})\|_2 \leq \delta G$。

2. 将一个梯度界为 G 的点投影到 $\mathcal{K}$ 上，对 $(\mathcal{K}\ \kappa\ \delta)$-延拓函数进行了改进，当 $\kappa = G$ 时，值达到一个小项：

$$\hat{f}\left(\prod_{\mathcal{K}}(\mathbf{x})\right) \leq \hat{f}(\mathbf{x}) + \delta G$$

证明　1. 对于所有 $x \in \mathcal{K}$，满足 $\mathbf{Dist}(\mathbf{x}, \mathcal{K}) = 0$，这是引理 2.4 的直接结果。

2. 为简洁起见，表示 $\mathbf{x}_\pi = \prod_{\mathcal{K}}(\mathbf{x})$。然后

$$
\begin{aligned}
&\hat{f}(\mathbf{x}_\pi) - \hat{f}(\mathbf{x}) \\
&\leq f(\mathbf{x}_\pi) - f(\mathbf{x}) - \kappa \mathbf{Dist}(\mathbf{x}, \mathcal{K}) + \delta G && \text{第一部分} \\
&\leq f(\mathbf{x}_\pi) - f(\mathbf{x}) - \kappa \|\mathbf{x} - \mathbf{x}_\pi\| + \delta G \\
&= \nabla f(\mathbf{x})(\mathbf{x} - \mathbf{x}_\pi) - \kappa \|\mathbf{x} - \mathbf{x}_\pi\| + \delta G \\
&\leq \|\nabla f(\mathbf{x})\| \|\mathbf{x} - \mathbf{x}_\pi\| - \kappa \|\mathbf{x} - \mathbf{x}_\pi\| + \delta G && \text{Cauchy-Schwartz 不等式} \\
&\leq G\|\mathbf{x} - \mathbf{x}_\pi\| - \kappa \|\mathbf{x} - \mathbf{x}_\pi\| + \delta G \\
&\leq \delta G && \kappa \text{ 的选择}
\end{aligned}
$$

12.4 在线 Boosting方法

本节描述的在线 Boosting 算法与第 7 章中的在线 Frank-Wolfe 算法密切相关。它不仅将 WOCL 提升为强学习，而且还提供了更强的保证：假设类凸包上的低遗憾。

算法 12.1 以黑盒的方式将一个弱的在线学习算法有效地转换为一个遗憾消失的 OCO 算法。其思想是将弱学习算法应用在损失梯度的线性函数上。然后，该算法递归地在剩余损失的梯度上应用另一个弱学习器，以此类推。

算法 12.1 在线凸优化的提升

1: 输入：N 份 γ-WOCL $\mathcal{W}^1, \mathcal{W}^2, \ldots, \mathcal{W}^N$，参数 $\eta_1, \ldots, \eta_T, \delta, \kappa = G$

2: **for** t=1 至 T **do**

3:     接收情境 $\mathbf{a}_t$，任意选择 $\mathbf{x}_t^0 = \mathbf{0}$

4:     **for** i=1 至 N **do**

5:         定义 $\mathbf{x}_t^i = (1 - \eta_i)\mathbf{x}_t^{i-1} + \eta_i \frac{1}{\gamma} \mathcal{W}^i(\mathbf{a}_t)$

6:     **end for**

7:     预测 $\mathbf{x}_t = \prod_{\mathcal{K}}[\mathbf{x}_t^N]$，遭受损失 $f_t(\mathbf{x}_t)$

8:     获取损失函数 f_t，创建 $\hat{f}_t = X_{\mathcal{K},\kappa,\delta}[f_t]$

9:     **for** i=1 至 N **do**

10:       定义线性损失函数 f_t^i 并传递给 $\mathcal{W}^i$，

$$f_t^i(\mathbf{x}) = \nabla \hat{f}_t(\mathbf{x}_t^{i-1}) \cdot \mathbf{x}$$

11:     **end for**

12: **end for**

然而，Frank-Wolfe 算法并不直接作用于损失函数，而是作用于使用定义 12.2 中的延拓操作定义的代理损失。重要的是，算法 12.1 的运行时间独立于 $|\mathcal{H}|$。

请注意，如果 $\gamma = 1$，与弱学习器相比，该算法仍然具有显著的优势：遗憾保证与 $\mathcal{H}$ 的凸包相对，可与最佳单一假设相比。

定理 12.1(主要) 由算法 12.1 和 $\delta = \sqrt{\frac{D^2}{\gamma N}}, \eta_i = \min\{\frac{2}{i}, 1\}$ 生成的预测器 $\mathbf{x}_t$ 满足

$$\sum_{t=1}^{T} f_t(\mathbf{x}_t) - \min_{h^\star \in \mathbf{CH}(\mathcal{H})} \sum_{t=1}^{T} f_t(h^\star(\mathbf{a}_t)) \leq \frac{5dGDT}{\gamma\sqrt{N}} + \frac{2GD}{\gamma}\text{Regret}_T(\mathcal{W})$$

备注 1： 使用更复杂的光滑算子，可以通过维数的因子和其他常数项获得更紧的界。这些更紧结论的参考文献在 12.5 节给出。

备注 2： 定理 12.1 的遗憾界几乎和所希望的一样好。随着弱学习器 N 数量的增加，第一项趋于零。第二项是次线性的，这是弱学习器的遗憾。它的比例因子是 $\frac{1}{\gamma}$，这是由于弱学习器的近似保证。

在证明定理之前，定义一些使用的符号。该算法将损失函数的扩展定义为

$$\hat{f}_t = X[f_t] = S_\delta[f_t + G \cdot \mathbf{Dist}(\mathbf{x}, \mathcal{K})]$$

应用 $\kappa = G$ 设置，根据引理 12.1 和引理 2.4 的要求，$\hat{f}_t$ 是 $\frac{dG}{\delta}$-光滑的。同时，用 $\mathbf{CH}(\mathcal{H}) = \{\sum_{h \in \mathcal{H}} \mathbf{p}_h h | \mathbf{p} \in \Delta_\mathcal{H}\}$ 表示集合 $\mathcal{H}$ 的凸包，并设

$$h^\star = \underset{h^\star \in \mathbf{CH}(\mathcal{H})}{\arg\min} \sum_{t=1}^{T} f_t(h^\star(\mathbf{a}_t))$$

为 $\mathcal{H}$ 的事后凸包中的最佳假设，即来自 $\mathcal{H}$ 的最佳假设凸组合。请注意，由于损失函数通常是凸的和非线性的，因此这个凸组合不一定是单例的。定义 $\mathbf{x}_t^\star = h^\star(\mathbf{a}_t)$ 作为这个假设的决策。

证明的关键是由引理 12.2 给出的。

引理 12.2 对于 β-光滑和 $\hat{G}$-Lipschite 的光滑损失函数 $\{\hat{f}_t\}$，它保证了

$$\sum_{t=1}^{T} \hat{f}_t(\mathbf{x}_t^N) - \sum_{t=1}^{T} \hat{f}_t(\mathbf{x}_t^\star) \leq \frac{2\beta D^2 T}{\gamma^2 N} + \frac{\hat{G}D}{\gamma}\text{Regret}_T(\mathcal{W})$$

证明 对于所有 $i = 0, 1, 2, \ldots, N$，定义

$$\Delta_i = \sum_{t=1}^{T} \left(\hat{f}_t(\mathbf{x}_t^i) - \hat{f}_t(\mathbf{x}_t^\star) \right)$$

回顾一下，根据假设，$\hat{f}_t$ 是 β 光滑的，因此：

$$\Delta_i = \sum_{t=1}^{T}\left[\hat{f}_t(\mathbf{x}_t^{i-1} + \eta_i(\frac{1}{\gamma}\mathcal{W}^i(\mathbf{a}_t) - \mathbf{x}_t^{i-1})) - \hat{f}_t(\mathbf{x}_t^{\star})\right]$$

$$\leq \sum_{t=1}^{T}\left[\hat{f}_t(\mathbf{x}_t^{i-1}) - \hat{f}_t(\mathbf{x}_t^{\star}) + \eta_i\nabla\hat{f}_t(\mathbf{x}_t^{i-1})\cdot(\frac{1}{\gamma}\mathcal{W}^i(\mathbf{a}_t) - \mathbf{x}_t^{i-1})\right.$$
$$\left. + \frac{\eta_i^2\beta}{2}\|\frac{1}{\gamma}\mathcal{W}^i(\mathbf{a}_t) - \mathbf{x}_t^{i-1}\|^2\right]$$

通过使用 f_t^i 的定义和线性性，有

$$\Delta_i \leq \sum_{t=1}^{T}\left[\hat{f}_t(\mathbf{x}_t^{i-1}) - \hat{f}_t(\mathbf{x}_t^{\star}) + \eta_i(f_t^i(\frac{1}{\gamma}\mathcal{W}^i(\mathbf{a}_t)) - f_t^i(\mathbf{x}_t^{i-1})) + \frac{\eta_i^2\beta D^2}{2\gamma^2}\right]$$

$$= \Delta_{i-1} + \sum_{t=1}^{T}\eta_i(\frac{1}{\gamma}f_t^i(\mathcal{W}^i(\mathbf{a}_t)) - f_t^i(\mathbf{x}_t^{i-1})) + \sum_{t=1}^{T}\frac{\eta_i^2\beta D^2}{2\gamma^2}$$

现在，请注意以下 WOCL 保证的等价重述，再次利用了 f_i 的线性性来得出结论：一个集合的一个凸组合线性损失等于作用于单个元素的线性损失的同一个凸组合。

$$\frac{1}{\gamma}\sum_{t=1}^{T}f_t^i(\mathcal{W}^i(\mathbf{a}_t)) \leq \min_{h^{\star}\in\mathcal{H}}\sum_{t=1}^{T}f_t^i(h^{\star}(\mathbf{a}_t)) + \frac{\hat{G}D\mathrm{Regret}_T(\mathcal{W})}{\gamma}$$

$$= \min_{h^{\star}\in\mathbf{CH}(\mathcal{H})}\sum_{t=1}^{T}f_t^i(h^{\star}(\mathbf{a}_t)) + \frac{\hat{G}D\mathrm{Regret}_T(\mathcal{W})}{\gamma}$$

利用上面的结论，加上 $h^{\star}\in\mathbf{CH}(\mathcal{H})$，有

$$\Delta_i \leq \Delta_{i-1} + \sum_{t=1}^{T}[\eta_i\nabla\hat{f}_t(\mathbf{x}_t^{i-1})\cdot(\mathbf{x}_t^{\star} - \mathbf{x}_t^{i-1}) + \frac{\eta_i^2\beta D^2}{2\gamma^2}] + \eta_i\frac{\hat{G}D}{\gamma}\mathrm{Regret}_T(\mathcal{W})$$

$$\leq \Delta_{i-1}(1 - \eta_i) + \frac{\eta_i^2\beta D^2 T}{2\gamma^2} + \eta_i R_T$$

其中，最后一个不等式利用了 $\hat{f}_t$ 的凸性，且记 $R_T = \frac{\hat{G}D}{\gamma}\mathrm{Regret}_T(\mathcal{W})$。这样就得到了递归式

$$\Delta_i \leq \Delta_{i-1}(1 - \eta_i) + \eta_i^2\frac{\beta D^2 T}{2\gamma^2} + \eta_i R_T$$

表示 $\hat{\Delta}_i = \Delta_i - R_T$，剩下的是

$$\hat{\Delta}_i \leq \hat{\Delta}_{i-1}(1 - \eta_i) + \eta_i^2 \frac{\beta D^2 T}{2\gamma^2}$$

这是一个递归关系，可以通过应用第 7 章的引理 7.1 来化简。得到 $\hat{\Delta}_N \leq \frac{2\beta D^2 T}{\gamma^2 N}$。

下面准备证明算法 12.1 的主要保证。

定理 12.1 的证明 连续使用引理 12.1 的两个部分，有

$$\sum_{t=1}^{T} f_t(\mathbf{x}_t) - \sum_{t=1}^{T} f_t(\mathbf{x}_t^\star) \leq \sum_{t=1}^{T} \hat{f}_t(\mathbf{x}_t) - \sum_{t=1}^{T} \hat{f}_t(\mathbf{x}_t^\star) + 2\delta GT$$

$$\leq \sum_{t=1}^{T} \hat{f}_t(\mathbf{x}_t^N) - \sum_{t=1}^{T} \hat{f}_t(\mathbf{x}_t^\star) + 3\delta GT$$

接下来，通过引理 2.4，$\hat{f}_t$ 是 $\frac{dG}{\delta}$-光滑的。通过应用引理 12.2，并优化 δ，有

$$\sum_{t=1}^{T} f_t(\mathbf{x}_t) - \sum_{t=1}^{T} f_t(\mathbf{x}_t^\star) \leq 3\delta GT + \frac{2dGD^2 T}{\delta \gamma^2 N} + \frac{\hat{G}D}{\gamma} \text{Regret}_T(\mathcal{W})$$

$$= \frac{5\sqrt{d}GDT}{\gamma \sqrt{N}} + \frac{\hat{G}D}{\gamma} \text{Regret}_T(\mathcal{W})$$

$$\leq \frac{5dGDT}{\gamma \sqrt{N}} + \frac{\hat{G}D}{\gamma} \text{Regret}_T(\mathcal{W})$$

最后一个不等式只是为了得到一个更好的表达式。

它的界仍是 $\hat{G}$，可声明 $\hat{G} \leq 2G$。要看到这一点，注意函数 $\mathbf{Dist}(\mathbf{x}\ \mathcal{K})$ 是 1-Lipschitz，因为

$$\mathbf{Dist}(\mathbf{x}, \mathcal{K}) - \mathbf{Dist}(\mathbf{y}, \mathcal{K})$$

$$= \|\mathbf{x} - \Pi_{\mathcal{K}}(\mathbf{x})\| - \|\mathbf{y} - \Pi_{\mathcal{K}}(\mathbf{y})\|$$

$$\leq \|\mathbf{x} - \Pi_{\mathcal{K}}(\mathbf{y})\| - \|\mathbf{y} - \Pi_{\mathcal{K}}(\mathbf{y})\| \qquad \Pi_{\mathcal{K}}(\mathbf{y}) \in \mathcal{K}$$

$$\leq \|\mathbf{x} - \mathbf{y}\| \qquad \Delta-\text{不等式}$$

因此，根据延拓算子和函数 f_t^i 的定义，有 $\|\nabla f_t^i(\mathbf{x}_t^i)\| = \|\nabla \hat{f}_t(\mathbf{x}_t^i)\| \leq 2G$。

12.5 文献评述

在第 11 章中介绍过的 Boosting 理论最初应用于二元分类问题。利用梯度增强理论，研究了实值回归的 Boosting 问题。见 Friedman(2002)。

在线 Boosting，分类和回归设置都是在很久以后才研究的 (Leistneret al., 2009; Chen et al., 2012, 2014; Beygelzimer et al., 2015a,b; Agarwal et al., 2019; Jung et al., 2017; Jung and Tewari, 2018; Brukhim and Hazan, 2020)。与 Frank-Wolfe 方法的关系在这些著作中是明确的 (Freund et al., 2017; Wang et al., 2015)。在 Brukhim et al.(2020) 中给出了一个框架，它封装了不可知和可实现的 Boosting，可用于离线和在线设置。

具有乘法近似和一般凸决策集的完整在线凸优化设置的 Boosting 可从 Hazan and Singh(2021) 中获得。Hazan and Singh(2021) 也给出了比本书中使用的更复杂的光滑技术 (称为 Moreau-Yoshida 正则化) 的维度因子更紧的界。

情境专家和赌博机问题已由 Langford and Zhang(2008) 提出，作为具有大量策略的决策框架。在在线设置中，多项工作研究了这个问题，重点是高效算法，给出了一个优化 Oracle (Rakhlin and Sridharan, 2016; Syrgkanis et al., 2016a,b; Rakhlin and Sridharan, 2016)。关于该模型的情境赌博机算法和应用的研究，参阅 (Zhou, 2015; Bouneffoufand Rish, 2019)。

12.6 练习

1. 从算法 12.1 推导出一种用于在线二进制分类的算法。说出它的遗憾保证。

2. 用在线凸优化的语言 (决策集是什么？) 表述在线个性化物品放置问题。在此情景中定义一个弱学习器，以及来自定理 12.1 的最终提升保证。

3. *定义 Moreau-Yoshida 正则化（或光滑算子）为：

$$M_\delta[f](\mathbf{x}) = \inf_{\mathbf{y} \in \mathbb{R}^d} \left\{ f(\mathbf{y}) + \frac{1}{2\delta} \|\mathbf{x} - \mathbf{y}\|^2 \right\}$$

证明，对于任意 G-Lipschitz f, 光滑函数 $\hat{f}_\delta = M_\delta[f]$ 满足：

(a) $\hat{f}_\delta$ 是 $\frac{1}{\delta}$-光滑，且 G-Lispchitz。

(b) $\left| \hat{f}_\delta(\mathbf{x}) - f(\mathbf{x}) \right| \leq \frac{\delta G^2}{2}$，对所有 $\mathbf{x} \in \mathbb{R}^d$。

4. *使用 Moreau-Yoshida 正则化将定理 12.1 的界提高一个维度因子。

第13章

Blackwell 可接近性与在线凸优化

对抗性预测的历史始于数学家 David Blackwell 和 James Hannan 的开创性工作。在迄今为止的大部分文本中，已经提出了 Hannan 所采取的顺序预测和损失最小化的观点。在第 5 章中尤其如此，因为 FPL 算法可以追溯到他的工作。本章将转向最小化遗憾的双重观点，称为"Blackwell 可接近性"。可接近性理论起源于 Blackwell 的工作，与 Hannan 的理论同时被发现。在本章末尾的"文献评述"中有一个简短的历史叙述。

几十年来，一般凸博弈中的遗憾最小化与 Blackwell 可接近性之间的关系还没有被完全理解。事实上，普遍的想法是，Blackwell 可接近性是一个更强的概念。本章将展示可接近性和在线凸优化在很强的意义上是等价的：一个任务的算法意味着另一个任务的算法，而不会损失计算效率。

作为这种等价性的一个附带好处，这里利用在线凸优化算法的存在性推导了 Blackwell 可接近性定理的证明。这个证明适用于更一般的可接近性版本，而不是一般的向量博弈，并且从已经研究过的 OCO 算法中借鉴了收敛速率。

虽然前几章都有实际的动机，并介绍了在线学习的方法，但本章是纯理论的，并致力于从博弈论的角度给出在线凸优化的另一个观点。

13.1　向量值博弈和可接近性

冯·诺依曼的极小极大定理在第 8 章中介绍过，通过为双方玩家提供一个处方，建立了二人零和博弈理论的一个重要结果。这个处方是以一对最优混合策略的形式出现的：每个策略都在不知道对手策略的情况下获得最优的最差情况值。然而，该定理从根本上要求两个参与者都有一个可以表示为标量的效用函数。

1956 年，为了回应冯·诺依曼的结果，戴维·布莱克维尔 (David Blackwell) 提出了一个有趣的问题：当我们玩一个具有矢量值收益的双人博弈时，我们希望实现什么保证？

向量值博弈的定义类似于定义 8.1 中的零和博弈，用奖励 / 损失向量代替标量奖励 / 损失。

定义 13.1　一个双人向量博弈由 $n \times m$ 向量 $\{\mathbf{u}(i,j) \in \mathbb{R}^d\}$ 组成。对于采用策略 $i \in [n]$ 的行玩家和采用策略 $j \in [m]$ 的列玩家，其奖励向量由向量 $\mathbf{u}(i,j) \in \mathbb{R}^d$ 给出。

与标量博弈类似，可以将混合策略定义为纯策略的分布，并表示使用混合策略的期望奖励向量

$$\forall \mathbf{x} \in \Delta_n, \mathbf{y} \in \Delta_m \; . \; \mathbf{u}(\mathbf{x}, \mathbf{y}) = \mathop{\mathbf{E}}_{i \sim \mathbf{x}, j \sim \mathbf{y}} [\mathbf{u}(i,j)]$$

下面考虑比文献中最初考虑的更一般的向量博弈。这种额外的通用性允许双方的策略数不清，并且允许策略起源于 Euclidean 空间中的有界凸集和闭集。

定义 13.2　由一个向量集合 $\{\mathbf{u} \in \mathbb{R}^d\}$ 和两个有界凸闭决策集 $\mathcal{K}_1$，$\mathcal{K}_2$ 给出了一个广义的双人向量博弈。对于在 $\mathbf{x} \in \mathcal{K}_1$ 中使用策略的行玩家，在 $\mathbf{y} \in \mathcal{K}_2$ 中使用策略的列玩家，其奖励向量由向量 $\mathbf{u}(\mathbf{x}, \mathbf{y}) \in \mathbb{R}^d$ 给出。

零和博弈的目标很明确：保证一定的损失 / 回报。向量博弈的推广应该是什么？Blackwell 提出了这样一个问题："能否保证我们的向量收益位于某个闭凸集 S？"

在本章的最后留了一个练习来证明冯•诺伊曼定理的直接类比是不存在的：没有一种混合策略能确保给定集合中的向量收益。然而，这并不排除一个渐近概念，如果允许博弈无限重复，并询问是否存在一种策略来确保平均奖励向量位于某个特定的集合中，或者至少在 Euclidean 距离方面接近它。这正是 Blackwell 提出的解概念，其正式定义如下。

使用本书中一直使用的符号，将到有界闭凸集 S 的 Euclidean 距离表示为

$$\mathbf{Dist}(\mathbf{w}, S) = \min_{\mathbf{x} \in S} \|\mathbf{w} - \mathbf{x}\|$$

定义 13.3　对于一个广义向量博弈 $\mathcal{K}_1, \mathcal{K}_2, \{\mathbf{u}(\cdot, \cdot)\}$，我们认为集合 $S \subseteq \mathbb{R}^d$ 是**可接近**的，如果存在某个算法 $\mathcal{A}$，称为**可接近算法**，它迭代地选择点 $\mathcal{K}_1 \ni \mathbf{x}_t \leftarrow \mathcal{A}(\mathbf{y}_1, \mathbf{y}_2, \ldots, \mathbf{y}_{t-1})$，这样，对于任意序列 $\mathbf{y}_1, \mathbf{y}_2, \ldots, \mathbf{y}_T \in \mathcal{K}_2$，有

$$\mathbf{Dist}\left(\tfrac{1}{T}\sum_{t=1}^{T} \mathbf{u}(\mathbf{x}_t, \mathbf{y}_t), S\right) \to 0 \quad as \quad T \to \infty$$

在这个概念下，现在可以允许玩家在博弈的重复版本中执行自适应的策略，要求平均奖励向量任意接近 S。Blackwell 定理描述了 Euclidean 空间中哪些集合是可接近的。下面给出它的一般形式。

定理 13.1(Blackwell 的可接近性定理)　对于任何向量博弈 $\mathcal{K}_1, \mathcal{K}_2, \{\mathbf{u}(\cdot, \cdot)\}$，闭合的、有界的凸集 $S \subseteq \mathbb{R}^d$ 是可接近的，当且仅当下述条件满足：

$$\forall \mathbf{y} \in \mathcal{K}_2, \ \exists \mathbf{x} \in \mathcal{K}_1, s.t. \ \mathbf{u}(\mathbf{x}, \mathbf{y}) \in S$$

上式中所述的可接近性条件既是必要条件又是充分条件。这个条件的必要性留作练习，更有趣的含义是，任何满足这个条件的集合实际上都是可接近的。因此，我们的归约给出了 Blackwell 定理的一个显式证明，把从第一个有效归约得出这个定理的显式结论留作练习。

向量博弈中的 Blackwell 可接近性和 OCO 之间的关系在这一点上可能还不明显。然而，下面继续证明这两个概念实际在算法上是等价的。

下一节将证明任何用于 OCO 的算法都可以有效地转换为用于向量博弈的可接近性算法。紧接着，同时证明另一个方向：向量博弈的可接

近性算法给出了一个没有效率损失的 OCO 算法！

13.2　从在线凸优化到可接近性

　　本节给出了从在线凸优化 (OCO) 到可接近性的有效归约。也就是说，假设有一个记为 A 的 OCO 算法，它实现了次线性遗憾。目标是为给定的向量博弈和封闭有界凸集 S 设计一个 Blackwell 逼近算法。因此，这一部分的减少表明 OCO 是一个比可接近性更强的概念。这个方向可能是更令人惊讶的一个方向，而且是最近才发现的，见"文献评述"部分对这一发展的历史描述。

　　因为我们正在寻找一个给定的集合，所以很自然地考虑最小化奖励向量到集合的距离。回想一下，将集合的 Euclidean 距离表示为 $\mathbf{Dist}(\mathbf{w}, S) = \min_{\mathbf{x} \in S} \|\mathbf{w} - \mathbf{x}\|$。闭凸集 S 的支撑函数为

$$h_S(\mathbf{w}) = \max_{\mathbf{x} \in S}\{\mathbf{w}^\top \mathbf{x}\}$$

　　注意，这个函数是凸函数，因为它是线性函数上的最大值。

引理 13.1　到集合的距离可以写成

$$\mathbf{Dist}(\mathbf{u}, S) = \max_{\|\mathbf{w}\| \leq 1} \left\{\mathbf{w}^\top \mathbf{u} - h_S(\mathbf{w})\right\} \tag{13.1}$$

证明　使用支撑函数的定义，

$$\max_{\|\mathbf{w}\| \leq 1} \left\{\mathbf{w}^\top \mathbf{u} - h_S(\mathbf{w})\right\}$$
$$= \max_{\|\mathbf{w}\| \leq 1} \left\{\mathbf{w}^\top \mathbf{u} - \max_{\mathbf{x} \in S} \mathbf{w}^\top \mathbf{x}\right\}$$
$$= \max_{\|\mathbf{w}\| \leq 1} \min_{\mathbf{x} \in S} \left\{\mathbf{w}^\top \mathbf{u} - \mathbf{w}^\top \mathbf{x}\right\} \quad \text{取反}$$
$$= \min_{\mathbf{x} \in S} \max_{\|\mathbf{w}\| \leq 1} \left\{\mathbf{w}^\top \mathbf{u} - \mathbf{w}^\top \mathbf{x}\right\} \quad \text{极小极大定理}$$
$$= \min_{\mathbf{x} \in S} \|\mathbf{x} - \mathbf{u}\|$$
$$= \mathbf{Dist}(\mathbf{u}, S)$$

Blackwell 定理刻画了可逼近集：能够在找到 $\mathbf{x} \in K_1$ 对任意 $\mathbf{y} \in K_2$ 的最佳响应是必要且充分的，使得 $\mathbf{u}(\mathbf{x}, \mathbf{y}) \in S$。为了进行这个归约，需要一个等价的条件，正式表述如下。

引理 13.2　对于广义向量博弈 $\mathcal{K}_1, \mathcal{K}_2, \{\mathbf{u}\}$，下列条件是等价的。

1. 存在一个可行的最佳响应，

$$\forall \mathbf{y} \in \mathcal{K}_2, \ \exists \mathbf{x} \in \mathcal{K}_1, \ s.t. \ \mathbf{u}(\mathbf{x}, \mathbf{y}) \in S$$

2. 对于所有 $\mathbf{w} \in \mathbb{R}^d, \|\mathbf{w}\| \le 1$，存在 $\mathbf{x} \in \mathcal{K}_1$ 满足

$$\forall \mathbf{y} \in \mathcal{K}_2, \quad \mathbf{w}^\top \mathbf{u}(\mathbf{x}, \mathbf{y}) - h_S(\mathbf{w}) \le 0$$

证明　考虑标量零和博弈

$$\min_{\mathbf{x}} \max_{\mathbf{y}} \mathbf{Dist}(\mathbf{u}(\mathbf{x}, \mathbf{y}), S) = \lambda$$

Blackwell 定理断言 $\lambda = 0$ 当且仅当 S 是可接近的。利用 Sion 对第 8 章中冯·诺依曼极小极大定理的推广，

$$
\begin{aligned}
\lambda &= \min_{\mathbf{x}} \max_{\mathbf{y}} \mathbf{Dist}(\mathbf{u}(\mathbf{x}, \mathbf{y}), S) \\
&= \min_{\mathbf{x}} \max_{\mathbf{y}} \max_{\|\mathbf{w}\| \le 1} \left\{ \mathbf{w}^\top \mathbf{u}(\mathbf{x}, \mathbf{y}) - h_S(\mathbf{w}) \right\} \quad \text{引理 13.1} \\
&= \max_{\|\mathbf{w}\| \le 1} \min_{\mathbf{x}} \max_{\mathbf{y}} \left\{ \mathbf{w}^\top \mathbf{u}(\mathbf{x}, \mathbf{y}) - h_S(\mathbf{w}) \right\} \quad \text{极小极大定理}
\end{aligned}
$$

因此，引理的第二个表述当且仅当 $\lambda = 0$ 时满足。

如前所述，把 Blackwell 条件的必要性留作练习。为了证明充分性，假设引理 13.2 中的 Blackwell 条件的形式 (2) 是满足的。在形式上，假设向量博弈和集合 S 都配备了最佳响应 Oracle $\mathcal{O}$，满足

$$\forall \mathbf{y} \in \mathcal{K}_2, \quad \mathbf{w}^\top \mathbf{u}(\mathcal{O}(\mathbf{w}), \mathbf{y}) - h_S(\mathbf{w}) \le 0 \tag{13.2}$$

下面继续进行充分性的形式证明，在算法 13.1 中建设性地指定。注意，在此归约中，函数 f_t 是凹的，并且使用 OCO 算法来最大化。

定理 13.2　算法 13.1，带有输入 OCO 算法 $\mathcal{A}$，返回向量 $\bar{\mathbf{u}}_T = \frac{1}{T} \sum_{t=1}^{T} \mathbf{u}(\mathbf{x}_t, \mathbf{y}_t)$，接近集合 S 以下列速率

$$\mathbf{Dist}(\bar{\mathbf{u}}_T, S) \le \frac{\mathrm{Regret}_T(\mathcal{A})}{T}$$

算法 13.1　OCO 到可接近性归约

1: 输入：广义向量博弈 $\mathcal{K}_1, \mathcal{K}_2, \{\mathbf{u}(\cdot, \cdot)\}$，集合 S，最佳响应 Oracle $\mathcal{O}$，OCO 算法 $\mathcal{A}$

2: 将 $\mathcal{K} = \mathbb{B} \in \mathbb{R}^d$ 设定为单位 Euclidean 球，作为 $\mathcal{A}$ 的决策集

3: for t=1,..,T do

4:　　设定 $f_t(\mathbf{w}) = \mathbf{w}^\top \mathbf{u}_{t-1} - h_S(\mathbf{w})$

5:　　查询 $\mathcal{A}$: $\mathbf{w}_t \leftarrow \mathcal{A}(f_1, \ldots, f_{t-1})$

6:　　查询 $\mathcal{O}$: $\mathbf{x}_t \leftarrow \mathcal{O}(\mathbf{w}_t)$

7:　　观察 yt 并且记 $\mathbf{u}_t = \mathbf{u}(\mathbf{x}_t, \mathbf{y}_t)$

8: end for

9: **return** $\bar{\mathbf{u}}_T = \frac{1}{T} \sum_{t=1}^{T} \mathbf{u}(\mathbf{x}_t, \mathbf{y}_t)$

证明　注意，式 (13.2) 意味着对于算法中定义的 $\mathbf{w}_t$，有

$$\forall \mathbf{y} \in \mathcal{K}_2 \quad , \quad \mathbf{w}_t^\top \mathbf{u}(\mathcal{O}(\mathbf{w}_t), \mathbf{y}) - h_S(\mathbf{w}_t) \leq 0$$

这意味着对于任意 t，

$$f_t(\mathbf{w}_t) = \mathbf{w}_t^\top \mathbf{u}(\mathcal{O}(\mathbf{w}_t), \mathbf{y}_t) - h_S(\mathbf{w}_t) \leq 0 \tag{13.3}$$

因此，使用引理 13.1，有

$$\begin{aligned}
\mathbf{Dist}(\bar{\mathbf{u}}_T, S) &= \max_{\|\mathbf{w}\| \leq 1} \left\{ \mathbf{w}^\top \bar{\mathbf{u}}_T - h_S(\mathbf{w}) \right\} \\
&= \max_{\mathbf{w}^\star \in \mathcal{K}} \frac{1}{T} \sum_t f_t(\mathbf{w}^\star) && f_t \text{ 的定义} \\
&\leq \frac{1}{T} \sum_t f_t(\mathbf{w}_t) + \frac{\mathrm{Regret}_T(\mathcal{A})}{T} && \mathcal{A} \text{ 的 OCO 保证} \\
&\leq \frac{\mathrm{Regret}_T(\mathcal{A})}{T} && \text{式} (13.3)
\end{aligned}$$

该定理明确地将 OCO 与可接近性联系起来，由于在本书中已经证明了有效 OCO 算法的存在，因此可以用它正式地证明 Blackwell 定理。细节的完成留作练习。

13.3　从可接近性到在线凸优化

本小节将展示逆向归约：给定一个可接近性算法，设计一个不损失计算效率的 OCO 算法。这一方向本质上是由 Blackwell 在离散决策问题上展示的，如"文献评述"部分更详细的描述。下面用 OCO 的全面性来证明它。

形式上，给定一个逼近算法 $\mathcal{A}$，用 $\mathbf{Dist}_T(\mathcal{A})$ 表示它收敛到集合 S 的速率上界，作为迭代次数 T 的函数。也就是说，对于一个给定的向量博弈，记 $\bar{\mathbf{u}}_T = \frac{1}{T}\sum_{t=1}^{T}\mathbf{u}(\mathbf{x}_t,\mathbf{y}_t)$ 为平均奖励向量。那么 $\mathcal{A}$ 保证

$$\mathbf{Dist}(\bar{\mathbf{u}}_T,S) \le \mathbf{Dist}_T(\mathcal{A}) \ , \ \lim_{T\to\infty}\mathbf{Dist}_T(\mathcal{A}) = 0$$

给定一个可接近性算法 $\mathcal{A}$，然后创建一个具有消失遗憾的 OCO 算法。

13.3.1　锥和极锥

可接近性在某种几何意义上是 OCO 的对偶。为了明白这一点，需要几个几何概念，这是从可接近性到 OCO 的明确要求。

对于一个给定的凸集 $\mathcal{K}\subseteq\mathbb{R}^d$，将它的锥定义为 $\mathcal{K}$ 中的所有向量乘以一个非负标量的集合：

$$\mathrm{cone}(\mathcal{K}) = \{c\cdot\mathbf{x} \mid \mathbf{x}\in\mathcal{K}, 0\le c\in\mathbb{R}\}$$

凸锥的概念对于下面的证明不是严格要求的，但它们通常用于可接近性的语境中。给定集合 $\mathcal{K}\subseteq\mathbb{R}^d$ 的极集定义为

$$\mathcal{K}^0 \stackrel{\text{def}}{=} \{\mathbf{y}\in\mathbb{R}^d \ \text{s.t.} \ \forall\mathbf{x}\in\mathcal{K} \ , \ \mathbf{x}^\top\mathbf{y}\le 0\}$$

留作练习：证明 $\mathcal{K}^0$ 是一个凸集，而对于锥，极到极是原始集合。

这里需要一个凸集的扩展，定义如下。用 $1\oplus\mathcal{K}$ 表示标量 1 与集合 $\mathcal{K}$ 的直和，即 $\mathbf{x}\in\mathcal{K}$ 中的所有形式为 $\tilde{\mathbf{x}}=1\oplus\mathbf{x}$ 的向量。将集合 $\mathcal{K}$ 的有界极扩展记为

$$Q(\mathcal{K}) = (1\oplus\mathcal{K})^0$$

也就是说，这进而取极集中的所有点的直和 $1 \oplus \mathcal{K}$。

这个极集的定义引出了以下的定量描述。

引理 13.3 给定 $\mathbf{y} \in \mathbb{R}^{d+1}$ 满足 $\mathbf{Dist}(\mathbf{y}, Q(\mathcal{K})) \leq \varepsilon$。那么，用 D 表示 $\mathcal{K}$ 的直径，

$$\forall \tilde{\mathbf{x}} \in 1 \oplus \mathcal{K} , \ \mathbf{y}^\top \tilde{\mathbf{x}} \leq \varepsilon(D+1)$$

证明 根据到集合距离的定义，有 $\mathbf{Dist}(\mathbf{y}, Q(\mathcal{K})) \leq \varepsilon$，暗示存在一个点 $\mathbf{z} \in Q(\mathcal{K})$，使得 $\|\mathbf{y} - \mathbf{z}\| \leq \varepsilon$。因此，对于所有 $\tilde{\mathbf{x}} \in 1 \oplus \mathcal{K}$，有

$$
\begin{aligned}
\mathbf{y}^\top \tilde{\mathbf{x}} &= (\mathbf{y} - \mathbf{z} + \mathbf{z})^\top \tilde{\mathbf{x}} \\
&\leq \|\mathbf{y} - \mathbf{z}\| \|\tilde{\mathbf{x}}\| + \mathbf{z}^\top \tilde{\mathbf{x}} \quad \text{Cauchy-Schwartz 不等式} \\
&\leq \varepsilon \|\tilde{\mathbf{x}}\| + \mathbf{z}^\top \tilde{\mathbf{x}} \qquad \|\mathbf{y} - \mathbf{z}\| \leq \varepsilon \\
&\leq \varepsilon \|\tilde{\mathbf{x}}\| + 0 \qquad \tilde{\mathbf{x}} \in 1 \oplus \mathcal{K}, \mathbf{z} \in (1 \oplus \mathcal{K})^0 \\
&\leq \varepsilon(1 + D)
\end{aligned}
$$

13.3.2　归约

算法 13.2 以 Blackwell 可接近性算法作为输入，该算法保证在充分必要条件下收敛于给定集合。它还将 OCO 的 $\mathcal{K}$ 作为输入集。

算法 13.2　可接近性算法 $\mathcal{A}$ 到在线凸优化算法 $\mathcal{L}$ 的转换

1: 输入：闭合、有界且凸的决策集合 $\mathcal{K} \subset \mathbb{R}^d$，可接近性 Oracle $\mathcal{A}$

2: 令：向量博弈满足 $\mathcal{K}_1 = \mathcal{K}$，$\mathcal{K}_2 = \mathcal{F}$，并设置 $S := Q(\mathcal{K})$

3: **for** $t=1,..,T$ **do**

4:　　查询 $\mathcal{A}$：$\mathbf{x}_t \leftarrow \mathcal{A}(f_1, \ldots, f_{t-1})$

5:　　令：$\mathcal{L}(f_1, \ldots, f_{t-1}) := \mathbf{x}_t$

6:　　接收：代价函数 f_t

7:　　构建奖励向量 $\mathbf{u}(\mathbf{x}_t, f_t) := \nabla_t^\top \mathbf{x}_t \oplus (-\nabla_t)$

8: **end for**

该归约考虑了一个决策集 $\mathcal{K}, \mathcal{F}$ 和可接近性集 $S = Q(\mathcal{K})$ 的向量博

弈，并生成了一系列保证低遗憾的决策，证明如下。

由于这种归约创建了可接近集 S 作为 $\mathcal{K}$ 的函数，需要证明集合 S 确实是可接近的。证明见下一小节。

定理 13.3　在算法 13.2 中定义的归约，对于任何输入算法 $\mathcal{A}$，产生一个 OLO 算法 $\mathcal{L}$，使得

$$\mathrm{Regret}(\mathcal{L}) \le T(D+1) \cdot \mathbf{Dist}_T(\mathcal{A})$$

证明　可接近性算法保证 $\mathbf{Dist}(\bar{\mathbf{u}}_T, S) \le \mathbf{Dist}_T(\mathcal{A})$。使用 S 的定义和引理 13.3，有

$$\forall \tilde{\mathbf{x}} \in Q(\mathcal{K}) \,.\, (D+1) \cdot \mathbf{Dist}_T(\mathcal{A})$$

$$\ge (\frac{1}{T}\sum_{t=1}^{T} \mathbf{u}(\mathbf{x}_t, f_t))^{\top}\tilde{\mathbf{x}}$$

$$\ge (\frac{1}{T}\sum_{t=1}^{T} \mathbf{u}(\mathbf{x}_t, f_t))^{\top}(1 \oplus \mathbf{x}^{\star})$$

$$= \frac{1}{T}\sum_{t=1}^{T} \nabla_t^{\top}\mathbf{x}_t - \frac{1}{T}\sum_{t=1}^{T} \nabla_t^{\top}\mathbf{x}^{\star}$$

$$\ge \frac{1}{T}\mathrm{Regret}_T(\mathcal{L})$$

其中第二个不等式成立，因为第一个不等式对每个 $\tilde{\mathbf{x}}$ 成立，特别是对向量 $1 \oplus \mathbf{x}^{\star}$ 成立。

13.3.3　最佳响应Oracle的存在性

注意，将此部分从可接近性降低到 OCO 并不需要最佳响应 Oracle。然而，Blackwell 的可接近性定理确实要求这个 Oracle 是充分和必要的，因此对于构造的集合 S 是可接近的，这样的 Oracle 需要存在。这是接下来要证明的。

考虑在归约中构造的向量 $\mathbf{u}_t$。最佳响应 Oracle 为每个向量 $\mathbf{y}$ 找到一个向量 $\mathbf{x}$，保证 $\mathbf{u}(\mathbf{x}, \mathbf{y}) \in S$。在例子中，这转化为条件

$$\forall f \in \mathcal{F},\ \exists \mathbf{x} \in \mathcal{K},\ \nabla f(\mathbf{x})^\top \mathbf{x} \oplus (-\nabla f(\mathbf{x})) \in (1 \oplus \mathcal{K})^0$$

通过极集的定义，这意味着对于所有 $\tilde{\mathbf{x}} \in \mathcal{K}$，有

$$\nabla f(\mathbf{x})^\top \mathbf{x} - \nabla f(\mathbf{x})^\top \tilde{\mathbf{x}} \le 0$$

换句话说，最佳响应 Oracle 对应于一个过程，给定 f，找到一个向量 $\mathbf{x}^\star$，满足

$$\forall \mathbf{x} \in \mathcal{K}\ .\ f(\mathbf{x}^\star) - f(\mathbf{x}) \le \nabla f(\mathbf{x}^\star)^\top (\mathbf{x}^\star - \mathbf{x}) \le 0$$

这是一个优化 Oracle 的集合 $\mathcal{K}$！

13.4　文献评述

　　Blackwell 著名的可接近性定理发表于 (Blackwell, 1956)。第二年，Hannan 在 (Hannan, 1957) 的一篇开创性论文中给出了第一个离散动作设置的无遗憾算法。同年，Blackwell 发表 (Blackwell, 1954)，作为一个特例，他的可接近性结果导致了一个算法，基本上与 Hannan 证明的低遗憾保证相同。Hannan 对事件的描述见 (Gilliland et al., 2010)。

　　多年来，其他几个问题已经被归约为 Blackwell 可接近性，包括渐近校准 (Foster and Vohra, 1998)，具有全局代价函数 (Even-Dar et al., 2009) 的在线学习和更多 (Mannor and Shimkin, 2008)。事实上，人们已经假定，在建立无遗憾算法的同时，可接近性严格来说比遗憾最小化更强大；因此，它在如此广泛的问题中是有用的。

　　然而，最近事实证明并非如此。Abernethy et al.(2011) 表明可接近性实际上等同于 OCO。这一结果是本章所述材料的基础。其中一边的归约在 Shimkin(2016) 中进行了简化和推广。

13.5　练习

　　1. 证明冯·诺依曼定理对向量博弈不成立，即给出一个向量博弈的例子，这样就没有单一的混合策略可以确保在给定的集合中有向量收

益。证明这对于可接近集也是成立的。

2. 证明给定凸集 $\mathcal{K} \in \mathbb{R}^d$ 的极集是凸集。

3. 证明 Blackwell 的条件是必要的，即证明在给定的向量博弈中集合 S 是可接近的，必须存在一个 Oracle $\mathcal{O}$ 满足

$$\forall \mathbf{y} \in \Delta_m \ , \ \mathbf{u}(\mathcal{O}(\mathbf{y}), \mathbf{y}) \in S$$

4. 利用本章的第一个归约和 OCO 算法的存在性，完成 Blackwell 定理的证明。也就是说，证明对于一个给定的向量博弈，根据前面的问题，Oracle 的存在足以使集合 $S \subseteq \mathbb{R}^d$ 是可接近的。